安全教育知识读本

交通出行要安全

赵斌/编著

中州古籍出版社

图书在版编目(CIP)数据

交通出行要安全 / 赵斌编著. —郑州：中州古籍
出版社，2013.12
（中小学生安全教育知识读本）
ISBN 978 - 7 - 5348 - 4528 - 4

Ⅰ.①交… Ⅱ.①赵… Ⅲ.①交通安全教育—青年读
物②交通安全教育—少年读物 Ⅳ.①X951 - 49

中国版本图书馆 CIP 数据核字(2013)第 300972 号

出 版 社：中州古籍出版社
　　　　　（地址：郑州市经五路 66 号　邮政编码：450002）
发行单位：新华书店
承印单位：北京柏玉景印刷制品有限公司
开　　本：787mm×1092mm　1/16　印　张：10
字　　数：125 千字
版　　次：2014 年 6 月第 1 版
印　　次：2014 年 6 月第 1 次印刷
定　　价：19.80 元
　　　　　　本书如有印装质量问题，由承印厂负责调换

前　言

　　青少年是祖国的未来和希望,同时,他们也是社会中最易受到意外事故伤害的弱势群体。缺乏安全知识、缺少自我保护能力是青少年的显著特点,因此安全知识教育对于他们非常重要。通过安全知识教育,可以使广大青少年了解安全常识,树立安全意识,学会自我保护,提高应变能力,尽可能减少各种意外伤害事故的发生。

　　本丛书指出了中小学生在校园安全、交通安全、社会安全以及自然灾害防范等各方面存在的安全问题,介绍了这些安全问题的防范、处理方法以及人体伤害与急救常识。这有助于提高中小学生的自我保护意识,增强其自我保护能力。

　　本丛书结合生活中的小案例,以简单的文字向中小学生介绍了一些最基本的、最有效的自护自救常识,提供了预防以及应对各种危险的一般措施和方法,内容浅显易懂,针对性、教育性强。它不仅是中小学生的安全教育读物,也可供广大家长和教师参考。希望本书能够帮助广大中小学生树立安全意识,掌握必要的安全自救常识,养成良好的生活卫生习惯,帮助同学们健康成长。

目 录

第一章 道路交通安全常识

什么是道路交通事故 …………………………………… 1

人行横道与行车道 ……………………………………… 2

禁止标志和标线的指示 ………………………………… 4

道路交通系统组成的三要素 …………………………… 7

各种车辆的安全运行要求 ……………………………… 7

道路交通安全设施 ……………………………………… 10

如何判定是否构成交通肇事罪 ………………………… 11

第二章 中小学生出行安全

注意人行横道信号灯 …………………………………… 17

切忌逆行 ………………………………………………… 18

路上禁止打闹玩耍 ……………………………………… 20

安静走路，保证安全 ……………………………… 23

注意路面上的突发情况 …………………………… 24

走路时保持好心情 ………………………………… 25

增强交通安全意识 ………………………………… 27

不要跟在车后跑 …………………………………… 28

走路时打电话要注意安全 ………………………… 30

第三章　安全乘坐交通工具

注意乘车安全 ……………………………………… 32

骑自行车时注意事项 ……………………………… 32

在公交车上不要打闹 ……………………………… 36

乘车时头、手不要伸出车外 ……………………… 37

注意乘火车时的安全 ……………………………… 38

文明乘坐地铁 ……………………………………… 42

第四章　交通事故的预防措施

出行时遵守交通法规 ……………………………… 45

乘车时系好安全带 ………………………………… 47

做"喝酒不开车"的小宣传员 …………………… 49

加强道路交通安全宣传 …………………………… 51

紧急救护方法的学习 ……………………………… 53

穿越铁道口时的注意事项 ·············· 56

第五章　交通事故应对措施

乘坐公交车遇到突发事故时怎样应对 ·········· 58

车辆落水时怎样逃生 ················ 60

小轿车发生自燃时怎样应对 ············· 63

冷静应对交通突发事故 ··············· 64

发生交通事故后当事人怎么处理 ·········· 66

造成人身伤亡的交通事故的处理 ·········· 68

交通事故调解程序如何进行 ············· 69

无偿搭乘车辆发生交通事故的赔偿责任 ········ 72

第六章　水上交通安全

我国的水路交通发展 ················ 75

安全乘船,平安出行 ················ 77

海上逃生和生存的技巧 ··············· 81

第七章　快速的空中交通

空中交通的形成与发展 ··············· 85

飞机安全飞行的保障 ················ 87

飞机为人们出行带来的利弊 ……………………………… 91

文明乘坐飞机 ……………………………………………… 95

空中应急预案 ……………………………………………… 98

第八章　交通安全事例评析

飞来的横祸 ………………………………………………… 103

盘县"1·30"特大恶性交通事故探析 ………………… 106

"2002·5·28"特大交通事故 ……………………… 111

"1·13"重大交通事故 …………………………………… 113

交通事故典型赔偿案例 …………………………………… 118

湖南省"9·9"重大水上交通事故 …………………… 125

一个小螺母和六十一条生命 …………………………… 126

第九章　交通安全必知的细节

少年儿童怎样注意交通安全 …………………………… 132

行人过马路怎样注意安全 ……………………………… 134

过铁道路口时怎样注意安全 …………………………… 135

骑自行车怎样注意安全 ………………………………… 137

怎样防止自行车轮伤了孩子的脚 ……………………… 139

冰雪路上骑自行车怎样注意安全 ……………………… 140

骑小三轮车怎样注意安全 ……………………………… 140

骑摩托车怎样注意安全 …………………………… 142

乘汽车怎样注意安全 ……………………………… 144

乘火车怎样注意安全 ……………………………… 145

火车失事怎样防护 ………………………………… 147

乘飞机怎样注意安全 ……………………………… 148

第一章　道路交通安全常识

什么是道路交通事故

　　"交通事故"是指车辆驾驶人员、行人、乘车人以及其他在道路上进行与交通有关活动的人员,因违反《中华人民共和国道路交通管理条例》和其他道路交通管理法规、规章的行为(简称违章行为),过失造成人身伤亡或者财产损失的事故。也就是说,只要是在道路上和车辆有关的造成损害后果的事件都是交通事故,但利用交通工具作案或者因当事人主观故意造成的事故不属于交通事故,例如:利用交通工具杀人或者"碰瓷"案件都不属于交通事故,应当属于刑事案件或者其他治安案件。

　　我国的道路交通事故分为以下四类:

　　轻微事故,是指一次造成轻伤1~2人,或者财产损失机动车事故不足1000元,非机动车事故不足200元的事故。

　　一般事故,是指一次造成重伤1~2人,或者轻伤3人以上,或者财产损失不足3万元的事故。

— 1 —

重大事故,是指一次造成死亡1~2人,或者重伤3人以上10人以下,或者财产损失3万元以上不足6万元的事故。

特大事故,是指一次造成死亡3人以上,或者重伤11人以上,或者死亡1人,同时重伤8人以上,或者死亡2人,同时重伤5人以上,或者财产损失6万元以上的事故。

人行横道与行车道

在马路上,同学们都能看到用各种各样颜色的漆画的线条,这些线条就是"交通标线"。那些在道路中间比较长的直线,白的或是黄色的就叫"车道中心线"。它的作用是分隔来往车辆,让他们各行其道,互不干扰。在路中心线两侧的白色虚线叫"车道分界线",这条线是规定那些机动车正常行驶在机动车车道上,而对于非机动车,则要在非机动车车道上行驶。设立在路口处的那根白线的作用是,当指示灯亮起红灯时,不管是什么车辆都要在"停止线"内停好等待。最后,就是同学们都非常了解的标线:"人行横道线"。在路口,那些像斑马纹一样的用白色平等线组成的长廊就是人行横道,每当我们过马路的时候,必须要走人行横道,这样才会安全。

人在生活中离不开交通,但是交通事故也成了现代人不得不面临的问题,要做到安全出行,一定要有交通安全意识,时刻注意。

在城市里人行横道是十分普遍的,它的存在主要是供行人通行。通常公路的两侧都会有人行横道供人们行走,偶有不适合建人行横道的地方,就会用天桥或是地下通道来代替。在农村人行横道相对少一些,而在发达国家,很多地区都会明文规定要求人行横道上必须要简洁,对于那些不便残疾人使用的设施必须予以移除,就算是坐着轮椅或是腿脚不方便的人也能快速而安全地过马路。

随着城市的飞速发展,人行横道已经不单单是行人可以通行的专用通道,作为城市道路中重要的组成部分,它必不可少。如今,它已经被赋予了更加深刻的内涵,让交通更加顺畅、人们出行更加便利以及对城市景观的营造也起着重要作用。人行横道一般建在车行道的两侧,对于其宽度,一定要等于一条行人带的宽度乘以带数,也就是说在我国,每条行人带宽度为 0.75～1 米,而桥上的人行横道,则要高出行车道 0.25～0.35 米。

由于城市还在不停地建造,对于专供行人通行的道路是禁止非法占用的,更不能非法当成公路而驶入,因为倘若有推着自行车或是摇动轮椅车的人在人行横道上行走时,突然出现车辆,很有可能造成交通事故。在单位出口处或胡同出口处,也会设有人行横道。这种行人和车辆都可以通行的地带,想要减少事故,确保出行安全的话必须设立人行横道。车辆行驶至此必须减速或停车,才能够保证人们的安全。

对于人行横道设计标准,只是适用于人行,如果各种车辆都行驶在人行横道上,时间长了一定会对人行横道造成破坏,对于道路交通这方面来说是必不可少的重要环节,是人们都不能忽视的一部分,所以为了大家的安全,每个人都有义务自觉地维护人行横道的正常使用。

对于人行横道来说,如果按功能来区分的话可以划分为:人行横道、盲道、附属设施功能带、路牙沿和退让线 5 个部分。虽然这 5 个部分看着很简单,却在城市道路中起着非常重要的作用。这 5 个部分如果能够进行合理的整合,便能够让人行横道发挥更大的功能。同学们都知道,现代化城市里的土地,可谓是寸土寸金,所以一直以来,使用土地的问题都制约着城市的发展,尤其在城市基础建设中所凸显的矛盾更加突出。在城市道路中,人行横道的空间越来越多地被其他物品所占用,如供电、路灯、通讯等管线,各种绿化、书报亭等,现在的人行横道其实是不堪重负的。在本来就不堪重负的人行横道上面,就更不能再让车辆占用了。

供人们行走的道路车辆不能进入,并且车辆自己也是有专有道路的,想要安全出行,行人也是不能在车道上行走的。在马路上,车道就是指在车行道上供单一纵列车辆行驶的部分。我国颁布的车道标准为:干线公路(包括高速公路)每车道宽为 3 米,城市道路每车道宽度是 3.5 米,路肩(高速公路紧急停车带)为 1.5～2.5 米,在交叉路口起到分流的车道每车道为 2.3～2.5 米,高速公路收费站每车道宽度为 2.5 米。

禁止标志和标线的指示

对于公路来说,标志、标线都是十分重要的,它们可以让公路的使用者,包括机动车、非机动车和行人的出行更加安全和便利。这种给人们提供公路相关情况的意义也可以说是一种没有声音的语言信息,让出行的人通过它的图形、颜色、符号和文字形式等,向自己需要行走的道路进行最直观的安全信息了解,所以标志、标线是公路不可或缺的重要附属设施。倘若这些标志、标线出现设置不当的情况,一定会引发交通事故,还会引发法律纠纷。在沈阳就发生过一场关于不重视、不遵循标志、标线指示而引发的交通事故。通过对这次事故的现场勘察,发现道路标志、标线设置齐全,而事故的发生主要是因为事故司机没有遵循指示牌的限速要求,进行超速行驶,最终造成车辆失控而引发了车祸,公路部门没有任何责任。

事实上,有很多交通事故的发生都是因为驾驶员不遵守交通法规或是不遵循交通标志、标线的结果。标志、标线的设立就是避免引发交通事故的,但是如果驾驶员不去遵循,那么事故的发生也就不稀奇了。可见标志、标线在公路上的重要性。换句话说,公路不可以没有标志、标线,否则事故随时可能发生。

在全国范围内,由于路面维修施工标志设置不当,公路维修中堆放沙石料不当,路面抛撒沙石料伤人,标志、标线不全,不规范等引发的交通事故的案件还是很多的,公路部门对这方面的关注也要加大。现在我国正倡导实施"创建和谐社会",所以必须加以重视。

对于交通标志、标线的设置也是有着一定原则的。首先标志、标线是为了保证交通畅通和行车安全为目的而设立的,所以对于公路部门来说要认真履行这一职责,对于人们来说,则要认真遵循。其次,标志、标线的设立还要合乎交通状况、道路线形、沿线设施等情况,做到要有一定的客观实用性。这样,人们就能够通过交

通标志的引导,既安全又快捷地抵达目的地。

在人们通行的过程中,并不是所有的道路都是没有问题的,如果有的路段发生事故、水毁路段、道路坍塌、危桥危路等,想要做到行驶安全,一定要有交通标志、标线来告知行驶者。如果有急弯、陡坡或是道路临时施工也必须要设置警告,防止驾驶员由于不知情而快速行驶,等到发现时就来不及了。

对于标志、标线来说,一定要设置合理,必须严格按照"国标"的要求进行设置。先要从公路的实际情况设计宽度,同时还要判断距离,考虑到制约设计时速的一些村镇、地貌等众多因素,才能将标志、标线设置的更为合理。

只有齐全、鲜明的标志、标线,才能够和两侧的自然景观环境相互统一、协调,从而形成一道亮丽的风景线。人们在这种环境的道路上行驶,心情也会愉悦。此时的标志、标线,就成为必要的公路安全设施,并且这种公路通畅的环境能够很好地反映公路管护者的服务水平,激发公路使用者们更加爱护公路,这样公路便能够最大限度地发挥其综合服务的功能。

对于禁止标线,最主要的一项作用就是指示车辆禁止通行。有些路段是不允许调头的,所以就会设有禁止转弯的标示。倘若驾驶者非要拐弯,违反禁止标线指示的话很有可能会出现交通事故。禁止标线就是同学们经常看到的地上的黄色实线,在公路中间部分的分隔带也会标有此线,这是禁止越过的。还有就是黄色的大叉,这个则代表禁止停车的意思,如果有驾驶员将车辆压上标线,则视为违规。

一般情况下,单实线和双黄实线都是禁止标线,所以车辆在行驶过程中一定不能压线和越线。对于通行的人们,要想避免违章,一定要做到以下几点:在行驶过程中一定不能马虎,尤其是在十字路口或是人多的地方更要提高注意力;想要变道要提早,不能快到路的尽头再慌张变道,这样很有可能出现压线、越线的情况;不要急于超车,尤其是在十字路口;在行驶过程中,必须要多谦让,不要抢道,以免犯压线的错误。

道路交通系统组成的三要素

道路交通系统的基本要素是人(包括驾驶员、行人、乘客及居民)、车(包括客车、货车、非机动车等)、路(包括公路、城市道路、出入口道路及其相关设施)。在三要素中,驾驶员是环境的理解者和指令的发出和操作者,人是系统的核心,路和车的因素必须通过人才能起作用。三要素协调运作才能实现道路交通系统的安全性要求。

各种车辆的安全运行要求

车辆的安全运行要求包括客货运输车辆、特种车辆或特殊用途车辆和超限运输车辆的安全运行要求。

客货运输车辆的安全运行要求又分为车辆、旅客、货物和客货运输车辆驾驶员的安全运行要求。

　　运输车辆满足安全行驶要求,是减少交通事故的必要前提。行驶安全性包括主动安全性和被动安全性。主动安全性指机动车本身防止或减少交通事故的能力,它主要与车辆的制动性、动力性、操纵稳定性、舒适性、结构尺寸、视野和灯光等因素有关;被动安全性是指发生车祸后,车辆本身所具有的减少人员伤亡、货物受损的能力。提高机动车被动安全性的措施有:配置安全带、安全气囊,安装安全玻璃,设置安全门、配备灭火器等。国家质量监督检验检疫总局发布的《机动车运行安全技术条件》规定了机动车的整车及主要总成、安全防护装置等有关安全运行的基本要求及安全检验方法,还规定了机动车的环保要求。

　　运输旅客的客运班车、旅游客车应当按照县级以上人民政府交通行政主管部门批准的线路、站点和班次运行,不得擅自变更或者停运。客运经营者应当按照客票标明的日期、车次、地点运送旅客,无正当理由不得中途更换车辆、停止运行或者将旅客移交他人的车辆运送,不得违反规定超载运输。出租汽车和客运包车应当按照承租人指定的目的地选择合理的路线行驶,未经承租人同意,不得招揽他人同乘。旅客必须持有效客票乘车,不得携带易燃品、易爆品及其他违禁品进站、乘车。

　　货物运输的道路运输经营者应当根据拥有车辆的车型和技术条件,承运适合装载的货物;运输货物装载量必须在公路、桥涵载重量和车辆标记核载质量范围之内,超载的货物运输车辆必须就地卸货。危险货物和大型物件运输车辆,应当到当地县级以上人民政府交通行政主管部门办理审批手续。搬运装卸危险货物和大型物件,应当具备相应的设施和防护设备,并到当地县级以上人民政府交通行政主管部门办理审批手续。搬运装卸经营者应当按照有关安全操作规程组织搬运装卸,禁止违章操作。

从事道路运输的机动车驾驶员,应当经过职业培训,取得交通行政主管部门核发的营运驾驶从业资格证书。

特种车辆或特殊用途车辆的安全运行要求分为特种车辆和特殊用途车辆的安全运行要求。

《中华人民共和国道路交通安全法》对特种车辆做了如下规定:警车、消防车、救护车、工程救险车执行紧急任务时,可以使用警报器、标志灯具;在确保安全的前提下,不受行驶路线、行驶方向、行驶速度和信号灯的限制,并且其他车辆和行人应当让行。

警车、消防车、救护车、工程救险车非执行紧急任务时,不得使用警报器、标志灯具,不享有前款规定的道路优先通行权。道路养护车辆、工程作业车进行作业时,在不影响过往车辆通行的前提下,其行驶路线和方向不受交通标志、标线限制,过往车辆和人员应当注意避让。洒水车、清扫车等机动车应当按照安全作业标准作业,在不影响其他车辆通行的情况下,可以不受车辆分道行驶的限制,但是不得逆向行驶。

运送易燃和易爆物品的特殊用途车辆,应在驾驶室上方安装红色标志灯,并在车身两侧喷有明显的"禁止烟火"字样或标记;车上必须备有消防器材,并且有相应的安全措施;排气管应装在车身前部,车辆尾部应安装接地装置。座位数大于9的客车及运送易燃和易爆物品的汽车应装备灭火器。

对超限运输车辆的安全运行要求,按照《中华人民共和国道路交通安全法》,机动车运载超限物品,应经公安机关批准后,按指定

的时间、路线、速度行驶,悬挂警示标志并采取必要的安全措施。

道路交通安全设施

交通安全设施对于保障行车安全、减轻潜在事故程度,起着重要作用。道路交通安全设施包括:交通标志、路面标线、护栏、隔离栅、照明设备、视线诱导标、防炫设施等。

道路交通标志有警告标志、禁令标志、指示标志、指路标志、旅游区标志、道路施工安全标志、辅助标志。设置交通标志的目的是给道路通行人员提供确切的信息,保证交通安全畅通。高速公路上车速高,车道数多,标志尺寸比一般道路上的大得多。

路面标线有禁止标线、指示标线、警告标线,是直接在路面上用漆类喷刷或用混凝土预制块等铺列成线条、符号,与道路标志配合的交通管制设施。路面标线种类较多,有行车道中线、停车线竖面标线、路缘石标线等。标线有连续线、间断线、箭头指示线等,多使用白色或黄色漆。

公路上的安全护栏既要阻止车辆越出路外,防止车辆穿越中央分隔带闯入对向车道,同时还要能诱导驾驶员的视线。

隔离栅是高速公路的基础设施之一,它使高速公路全封闭得以实现,并阻止人畜进入高速公路。它可有效地排除横向干扰,避免由此产生的交通延误或交通事故,保障高速公路效益的发挥。隔离栅按其使用材料的不同,可分为金属网、钢板网、刺铁丝和常青绿篱几大类。

道路照明主要是为保证夜间交通的安全与畅通,大致分为连续照明、局部照明及隧道照明。照明条件对道路交通安全有着很大的影响。

视线诱导标一般沿车道两侧设置,具有明示道路线形、诱导驾驶员视线等用途。对有必要在夜间进行视线诱导的路段,设置反光式视线诱导标。

防炫设施的用途是遮挡对向车前照灯的炫光,分防炫网和防炫板两种。防炫网通过网股的宽度和厚度阻挡光线穿过,减少光束强度而达到防止对向车前照灯炫目的目的;防炫板是通过其宽度部分阻挡对向车前照灯的光束。

如何判定是否构成交通肇事罪

交通肇事罪,是指违反道路交通管理法规,发生重大交通事故,致人重伤、死亡或者使公私财产遭受重大损失,依法被追究刑事责任的犯罪行为。交通肇事罪是一种过失危害公共安全的犯罪,根据我国刑法理论,任何一种犯罪的成立都必须具备四个方面的构成要件,即犯罪客体、犯罪客观方面、犯罪主体和犯罪主观方面,所以,我们仍用犯罪构成的四要件说来阐述交通肇事罪的特征。即交通肇事行为是否构成交通肇事罪,其唯一判定标准是该罪的犯罪构成。

主体

交通肇事罪的主体即凡年满 16 周岁、具有刑事责任能力的自然人均可构成。主体不能理解为在上述交通运输部门工作的一切人员,也不能理解为仅指火车、汽车、电车、船只、航空器等交通工具的驾驶人员,而应理解为一切直接从事交通运输业务和保证交通运输的人员以及非交通运输人员。

交通运输人员具体地说包括以下 4 种:

(1)交通运输工具的驾驶人员,如火车、汽车、电车司机等;

(2)交通设备的操纵人员,如扳道员、巡道员、道口看守员等;

(3)交通运输活动的直接领导、指挥人员,如船长、机长、领航员、调度员等;

(4)交通运输安全的管理人员,如交通监理员、交通警察等。

他们担负的职责同交通运输有直接关系,一旦不正确履行自己的职责,都可能造成重大交通事故。非交通运输人员违反规章制度,如非司机违章开车,在交通运输中发生重大事故,造成严重后果的,也构成本罪的主体。最高人民法院、最高人民检察院《关于办理盗窃案件具体应用法律的若干问题的解释》中指出,"在偷开汽车中因过失撞死、撞伤他人或者撞坏了车辆,又构成其他罪的,应按交通肇事罪与他罪并罚"这一解释说明,非交通运输人员构成交通肇事罪,并不以肇事行为发生在交通运输过程中为要件。

客体

交通肇事罪侵犯的客体是交通运输安全,是指与一定的交通工具与交通设备相联系的铁路、公路、水上及空中交通运输。这类交通运输的特点是与广大人民群众的生命财产安全紧密相连,一旦发生事故,就会危害到不特定多数人的生命安全,造成公私财产的广泛破坏,所以,其行为本质上是危害公共安全犯罪。

主观方面

主要包括疏忽大意的过失和过于自信的过失。这种过失是指行为人对自己的违章行为可能造成的严重后果的心理态度而言。行为人在违反规章制度上可能是明知故犯,如酒后驾车、强行超车、超速行驶等,但对自己的违章行为可能发生重大事故,造成严重后果,应当预见而因疏忽大意,没有预见,或者虽已预见,但轻信能够避免,以致造成了严重后果。

客观方面

在交通运输活动中违反交通运输管理法规,因而发生重大事故,致人重伤、死亡或者使公私财产遭受重大损失的行为。由此可见,本罪的客观方面是由以下 4 个相互不可分割的因素组成的。

(1)必须有违反交通运输管理法规的行为,也是承担处罚的法

— 13 —

律基础。所谓交通运输法规,是指保证交通运输正常进行和交通运输安全的规章制度,包括水上、海上、空中、公路、铁路等各个交通运输系统的安全规则、章程以及从事交通运输工作必须遵守的纪律、制度等。如《城市交通规则》、《机动车管理办法》、《内河避碰规则》、《航海避碰规则》、《渡口守则》、《中华人民共和国海上交通安全法》等。违反上述规则就可能造成重大交通事故。在实践中,违反交通运输管理法规行为主要表现为违反劳动纪律或操作规程,玩忽职守或擅离职守、违章指挥、违章作业,或者违章行驶等。例如,公路违章的有:无证驾驶,强行超车,超速行驶,酒后开车;航运违章的有:船只强行横越,不按避让规章避让,超速抢档,在有碍航行处锚泊或停靠;航空违章的有:违反空中交通管理擅自起飞,偏离飞行航线,无故不与地面联络等。上述违章行为的种种表现形式,可以归纳为作为与不作为两种基本形式,不论哪种形式,只要是违章,就具备构成本罪的条件。

(2)必须发生重大事故,致人重伤、死亡或者使公私财产遭受重大损失的严重后果。这是构成交通肇事罪的必要条件之一。行为人虽然违反了交通运输管理法规,但未造成上述法定严重后果的,不构成本罪。

(3)严重后果必须由违章行为引起,二者之间存在因果关系。虽然行为人有违章行为,但未造成严重后果,而且在时间上不存在先行后续关系,则不构成本罪。

(4)违反规章制度,致人重伤、死亡或者使公私财产遭受重大损失的行为,必须发生在从始发车站、码头、机场准备载人装货至终点车站、码头、机场旅客离去、货物卸完的整个交通运输活动过程中。从空间上说,必须发生在铁路、公路、城镇道路和空中航道上;从时间上说,必须发生在正在进行的交通运输活动中。如果不是发生在上述空间、时间中,而是在工厂、矿山、林场、建筑工地、企业事业单位、院落内作业,或者进行其他非交通运输活动,如检修、冲洗车辆等,一般不构成本罪。检察院1992年3月23日《关于在厂(矿)区机动车造成伤亡事故的犯罪案件如何定性处理问题的批复》中指出:在厂(矿)区机动车作业期间发生的伤亡事故案件,应当根据不同情况,区别对待;在公共交通管理范围内,因违反交通运输规章制度,发生重大事故,应按刑法第113条规定处理;违反安全生产规章制度,发生重大伤亡事故,造成严重后果的,应按刑法第114条规定处理;在公共交通管理范围外发生的,应当定重大责任事故罪。由此可见,对于这类案件的认定,关键是要查明它是否发生在属于公共交通管理的铁路、公路上。

利用大型的、现代化的交通运输工具从事交通运输活动,违反规章制度,致人重伤、死亡或者使公私财产遭受重大损失的,应定交通肇事罪,这是没有异议的。但是,对于利用非机动车,如自行车、三轮车、马车等,从事交通运输活动,违章肇事,使人重伤、死亡,是否构成交通肇事罪,存在不同的看法。第一种意见认为:交通肇事罪属于危害公共安全的犯罪,即能够同时造成不特定的多人伤亡或者公私财产的广泛损害,而驾驶非机动车从事交通运输活动,违章肇事,一般只能给特定的个别人造成伤亡或者数量有限的财产损失,不具有危害公共安全的性质,因此,不应定交通肇事罪,而应根据具体情况,确定其犯罪的性质,造成他人死亡的,定过失致人死亡罪;造成重伤的,定过失重伤罪。第二种意见认为,它

虽一般只能造成特定的个别人的伤亡或者有限的损失,但不能因此而否认其具有危害公共安全的性质,况且许多城镇交通事故都直接或间接与非机动车违章行车有关。因此,上述人员违章肇事,应当以交通肇事罪论处。如果因其撞死人而按过失致人死亡罪论处,因其撞伤人而按过失重伤罪论处,是不合理的。目前司法实践中,一般按第二种意见定罪判刑,即以交通肇事罪论处。

第二章　中小学生出行安全

注意人行横道信号灯

绿灯亮时,准许行人通过人行横道;黄灯闪烁时,不准行人通过人行横道,但已进入人行横道的可以继续通行;红灯亮时,不准行人通过人行横道。

行人必须遵守的规定:行人须在人行横道内行走,没有人行横道的靠右边行走;穿越马路须走人行横道;通过有交通信号控制的人行横道时,须遵守信号的规定;通过没有交通信号控制的人行横道,要左顾右盼,注意车辆来往,不准追逐,奔跑;没有人行横道的,须直行通过,不准在车辆临近时突然横穿;有人行过街天桥或地道的,须走人行过街天桥或地道;不准爬马路边和路中的护栏、隔离栏,不准在道路上推扒车、追车、强行拦车或抛物击车。

切忌逆行

　　在我国，每隔一分钟就有一人因为车祸而伤残，每隔5分钟便有一人会因为车祸而死亡，每天因为车祸而死亡的人数为280多人，而每年因为车祸而死亡的人则达十多万人，这些车祸的死亡人数占据了世界死亡人数的15%，并且每年还以4.5%的速率在逐年增加。在1899年开始记录车祸以来，到目前为止，全球已经累计车祸死亡人数达3000万人，这个数字比第二次世界大战的死亡人数还要多。这不由得让人们反省，珍惜生命，注意安全是多么重要。

　　同学们在上下学的路上，面临最多的交通安全问题之一就是逆行，有的同学由于家的位置离学校较近，所以漠视交通法规，认为如果不过马路自己会更快到家，也有的同学反映，自己不喜欢过马路，认为自己也过不好马路，于是每天几乎都要逆行，并觉得逆行也没什么，都习惯了。这些都是因为没有足够的安全意识造成的。实际上，逆行是非常危险的，你根本不了解路上车辆的行驶状况，并且逆行的人通常会给正常开车的人带来恐慌。

　　截至2010年3月，全国机动车持有量大约为1.92亿辆，全国大约有2.05亿人驾驶车辆，也就是说，我国已经进入了"汽车时代"。但是随之而来的各种问题也是接踵而至，最值得关注的问题就是交通安全。1985～1999年的15年，在道路交通事故中，导致的儿童伤害和死亡率增长了81%，这是一个值得社会关注的问题，并且这个问题亟待解决。据统计，在我国每天至少有19名儿童

(15 岁以下儿童)死于道路交通意外,有 77 名儿童在道路交通事故中受伤,这个数据是美国的 2.6 倍,欧洲的 2.5 倍,并且我国儿童因道路交通事故死亡率在世界上居首位。

普及中小学生交通安全知识是一项长期而又艰巨的任务,这需要社会各界的共同关心和努力,也需要同学们自己不断地努力。本着众志成城的决心,交通安全问题一定能够得到很好的解决,使他们在安全的环境下茁壮成长,最后成为国家的栋梁之才。

人们时刻都离不开交通,但是交通所存在的危险时刻都在。交通事故就像一个定时炸弹,随时都在准备爆炸,虽然炸弹的开关掌握在人们自己的手里,但人们却很难握住。要想把握住自己的生命,一定要做个遵纪守法的安全公民,如果你不屑于去遵守,那么吃亏的肯定就是你自己。在我们看似波澜不惊的生活中,有很多司机由于不注意交通安全,造成了他人的人身伤害,甚至丧命,这种做法一定要严格查处。

因此,千万不能做自由放纵的行人,即使不开车,也要严格遵守交通法规,否则不单是给自己带来危险,也会给其他人带来危险。同学们在放学后,即使你的家不需要过马路就能到达,也不要逆行。一定要按照交通法规,做到踏踏实实走路,成为交通安全的小使者,这样既避免了自身的伤害,还不会拖累他人。

在马路上行走时由于车没有办法做到"认人",所以一定要小心没有"长眼睛"的车,随时将安全警钟敲响,让安全交通永远在心里扎根,相伴同学们安全前行。

路上禁止打闹玩耍

学生在上学和放学路上的交通安全问题，一直是学校和家长十分关注的问题，每所学校都不遗余力地开展了形式多样的学生安全教育，但学生们自身的安全意识还有待提高。

每天放学之后，虽然老师们都会将学生送过马路，但学生在每天上学、放学途中却习惯在路上打闹。

一天中午 11 时 30 分左右，下着小雨，南通市任港路某中学的学生小周、小王、小陈三人放学回家。小周骑着自行车穿着雨披，小王、小陈二人没带雨具，在雨中走着。小王、小陈争抢着坐到小周的车上，钻到小周的雨披下面避雨。最初，小王抢先坐在了小周的车上，小陈追了上去，一把将小王拽了下来，自己坐在了车上，小王看见小陈坐上了车，又跑到前面将小陈拽了下来。他们就这样沿着马路追打，很快到了任港路路口。虽然是红灯，但小周依然骑了过去。小王、小陈在后面紧追不舍，小王刚坐上车，小陈却用手一拽，由于用力过大，3 人同时摔倒在地上。这时，马路上过往车辆很多。幸亏一位卡车司机及时踩了刹车，3 人才幸免被碾，但自行车还是被卡车轧扁了。事故中的三位同学是幸运的，他们逃过了一劫，但现实生活中，很多孩子因为忽视交通安全而失去了自己的生命。

为了避免悲剧的重现，每位同学必须在行走时注意以下几点安全常识。

第一，在路上横穿有交通步行信号灯的道路时，应做到红灯停、绿灯行、黄灯等，严格遵守交通法规。同学们要注意指挥灯的信号：绿灯亮时，准许行人通行；黄灯亮时，不准行人通行，但已进入人行横道的行人，可以继续通行；红灯亮时，不准行人通行；黄灯闪烁时，行人须在确保安全的原则下通行。当信号灯变绿，同学们准备横穿马路时，首先应该看清左右来往的车辆，然后再过马路。在信号灯要改变时，绝对不要抢行，应该等待下一个绿色信号灯亮时再前行。

第二，横穿没有交通信号灯的公路或街道时，为了防止驾驶员反应不过来而发生交通事故，同学们要走人行横道，杜绝斜穿猛跑，注意避让过往的车辆，不要在车辆邻近时抢行或者突然间跑过。其实，不管有没有红绿灯，在过马路时，同学们都应该先看有没有车驶来，不要在车邻近时猛跑；在车多和容易发生交通事故的路段，交通部门还在马路中间设置了护栏，有些同学害怕绕路，所以经常跨越栏杆横穿马路，这样做是十分危险的。

第三，在走路时，同学们不要东张西望，不能边走路边看书，即使是和亲戚朋友聊天，也应该时刻注意观察路面的情况，以免被路面上的障碍物如石头、砖块等绊倒。更不允许在公路上踢球、溜旱冰等活动，也不准追逐打闹。同学们应该在人行横道内行走，没有人行横道的马路就要靠右边行走；有人行过街天桥或地道的，须走人行过街天桥或地道；不准在道路上推扒车、追车、强行拦车或抛物击车。行走时，不要为了贪图方便而翻越或钻过护栏、隔离墩越过公路或街道，这是非常危险的行为。

第四，在遇到特殊天气之时，同学们更要特别注意交通安全。

在下雨时,不管是穿雨衣或打伞,都要将雨具的角度调整好,不要让其挡住自己的行走视线,遇到积水,最好绕着走。在冬季下雪时,由于天气寒冷,道路会结冰,同学们走在路上很容易滑到,因此在行走时最好穿上防滑的胶鞋,行走的速度也不宜太快,身体重心应该尽量放低一些。同时,由于道路比较滑,汽车驾驶中往往容易出现刹车侧滑、掉头失控的状况,所以同学们应该尽量距离行车道远一些。在下雾天气,道路上的能见度会受到影响,同学们在雾天走路之时要慢而专注,以免被路障绊倒或者掉入沟渠里。另外,在夜间走路时,同学们还要集中精力,尽量选择自己熟悉的线路,并坚持行走在道路的右侧,同时还注意前方道路情况,特别注意施工后的土坑、未盖井盖的下水道等,防止跌入其中之后所造成的伤害。同学们也不要因为路上的车少、人少而放松警惕,甚至在马路的中央逗留,要知道,司机在晚上的行车速度往往比白天要高,也更容易因为疲倦而疏忽安全,一旦被车辆撞到,后果将会不堪设想。

第五,同学们尽量不要单独外出,最好要结伴而行。在偏远僻静的城乡胡同、林间小道或山间小路上,不要单独行走;不要搭陌生人的车,不要给陌生人带路,特别是女生,更应加以注意。

在行路时,同学们不要向他人炫耀自己随身携带的贵重物品和现金,更不要轻信他人的花言巧语,谨防上当受骗或遭遇抢劫。如果遇到打架斗殴、出现事故或围观人群比较多的情况时,不要因为好奇心的驱使而逗留观看。

路遇弱病残者、负重者、孕妇等行走困难的人,应该让他们先走或自己绕开选择其他路线。特别是在"狭路相逢"的情况下,更要注意这一点,不能以强凌弱,抢道行走。否则,会给你带来麻烦或产生不良的后果。走到人群拥挤之处,要有秩序地通过。在拥挤中,既不要撞了他人或踩了他人的脚,也不要让自己受到他人的伤害。如果因为不小心而撞了他人或踩了他人的脚,要主动向对方道歉,承认自己的错误,取得他人的谅解。如果他人踩了你的脚或碰掉了你所带的物品,也千万不能发火,更不要大声斥责对方,而应当心平气和地说:"请您慢一点儿,别太着急。"这样,不仅显示出了你的礼貌和涵养,还能避免将矛盾激化,减少争吵或打闹等不愉快、不安全事件的出现。

总之,在路上行走时,同学们一定要注意自身的安全问题,并且自觉遵守交通法规,时刻注意交通安全。

安静走路,保证安全

如果说走路,同学们一定会想:"走路谁不会呢?我1岁就会走了!"可是此"走"非"彼走",走路确实是谁都会,但是能不能安全行走就是另外一回事了。倘若你是个不注意交通安全、没有安全意识的人,那走路就会出现问题,甚至是交通事故。同学们在节假日外出、上学读书、放学回家时,一定会行走在街道上、人群中,而道路上肯定有来来往往很多的车辆与人群,所以想要安全出行,一定要增强自我保护意识,遵守交通法规。在路上行走时不要和其他同学嬉闹,要专心致志、安静地走路,以免磕磕碰碰,小心摔跤。也许摔那一跤就恰巧酿成恶果。

曾经发生过一个男生走在回家的路上时,由于下雪后路上非常滑的缘故,男孩不小心摔倒,此时后边正好有个驾驶电动车的人朝他驶来,一下子就轧到了男孩的腿上,造成较为严重的后果。

另外,同学们在走路的时候不能边走路边看书、边走边玩,不要东张西望、三五成群的并排行走,更不能在马路上放风筝、做游戏、踢球、溜冰等。

很多中小学校附近都会有交通秩序混乱的状况,有的同学勾肩搭背、有说有笑地走在马路中间,让行驶到附近的车辆不得不拥堵一段时间,给司机造成很大的困扰。所以走路时不但要注意自己的人身安全,遵守交通法规,还要为维护交通秩序提供方便。

注意路面上的突发情况

人们在行走或是骑自行车时,会遇到各种意想不到的突发情况,譬如突然窜出一只小猫或是小狗,你该怎么办呢?

现在骑自行车上学的学生很多,掌握熟练的骑行技术也很必要。除此以外自行车各部位的机件也要时常检查,看它是不是灵敏可靠,性能是否良好。如果出现性能有异常就要及时修理,否则在你骑车的时候突然窜出一只小动物来,你不能紧急刹车的话,也有可能造成摔车的危险。

我们经常看到有些调皮的学生喜欢在路上表演"飞车",或是互相追逐、并排前进。这样的行为不但非常危险而且还是一种不文明的表现。所以同学们一定要增加安全意识,在骑车的时候要靠右侧行驶,不可以逆行;横穿道路时要在确定好左右的车辆是否都已停稳,再安全通过;不管是走路还是骑车都不要抢行;不要猛拐,不能随意超车,也不能在人群车流中横冲直撞。

走路时保持好心情

想要安全出行,有一颗好心情也是非常重要的。对于可以让自己能够安心行走,保证路上安全,首先要做的就是不带情绪行走,如果此时你的心情不好,那么在上路之前要给自己减压,否则坏情绪会影响你的这一路。万一在路上因为你总想着不好的事情,并且越想越生气,那走着走着一个不留神,就踩上了石子或是踩进了水坑,严重了也许还会撞到前面的路牌或是路边的汽车等。通常这种特殊情况都来不及让大脑反应。心情不好,就会很容易胡思乱想、分神,从而出一些完全没有必要发生的事故。

心理学家也表示,想要更安全的行走在路上,要切忌愤怒、烦躁、焦急等不良的心态。当然,这种心理状态的形成主要是来自于生活中的一些磕磕绊绊的不顺心的事情,但是这时,你就需要有一颗宽大的胸怀,尽量不去计较那些让你烦心的事情,好的心态会帮助你更加顺利的解决任何问题。如果是由于课业繁重而引起的精神紧张或是心情烦闷,可以找家长、老师或是同学说一说,这样就能起到减轻压力的作用。

同学们一定知道,不管做什么事情,只要专心致志的去做,往往效果是很好的,同样,走路也是。走路看似简单,但却不允许你

大意,如果你在行走的过程中不断地想一些不开心的事情,只会让情绪越来越差,从而注意不到身边的一举一动。

在和同学一起回家的时候,不管你们是骑自行车还是步行,都不要在回家的路上争吵。争吵只会让你们在很短的时间内就火冒三丈,从而出现抢道、碰撞等事故。因为人一激动往往就控制不住自己,做出一些消极的举动,如果在路上就会引发车祸。路上的车辆非常多,司机往往对突然窜出来的人感到措手不及。

在路上行走或骑自行车上下学时,也不要和其他不认识的人斗气。有的学生争强好胜,有人如果骑车超过了他,他会不服气,于是进行反超。其实这种做法是非常幼稚的,如果路很窄,你在超车的时候,万一后面正好行驶着一辆大车是很危险的。

以下几点是同学们必须要注意的:

第一,骑自行车的同学要注意保持距离。通常上学、放学的时候,路上会因为人多而显得格外热闹,对于骑自行车的学生,要注意保持车距,这样,即使前面骑车的人突然摔倒,也不会出现"连环撞"的情况。很多骑自行车的同学喜欢有缝就挤,见空就钻,所以保持车距以防和他们撞在一起。

第二,并排骑车,减速慢行。有的同学会选择和自己的同学一起回家,那么就会出现两个人并排骑行的情况。在这种情况下,车速必须要缓慢,因为并排骑车会给后面的人带来麻烦,倘若你们骑得飞快的话,不但影响他人,还会使自己陷入危险。当然,尽量不要并排骑车。

第三,很好的应对特殊情况。如果在上学或回家的路上遇到雾、雨、风、雪等恶劣天气时,不管此时你是走路还是骑车,都要格外留意,注意脚下,不要滑倒。速度一定要慢,这样就算是滑倒了也不会太夸张。

增强交通安全意识

由于中小学生的年龄较小,对事物的认识能力尚浅,所以一直都被看成是交通安全中的弱势群体。为了保证同学们的出行安全,学校都会针对交通安全对学生进行着重教育。同学们的手里一般都有交通安全校外辅导的教育读本,此外,学校还会通过交通安全课、交通安全报告会等方式寓教于乐,来努力增强学生们的交通安全意识,从而提高学生们的自我防护能力。同时,交警部门作为交通安全宣传教育的主要力量,也要充分发挥自身的职能,与学校建立协调联动制度,不断提高中小学生的交通安全意识。

在应试教育下的中小学生通常都较注重科学文化知识方面的学习,从而忽视了社会规范的学习,所以同学们一定要引起足够的重视,提高自己的安全意识,认真学好交通安全规范。

现在社会竞争压力大,通常家长为了工作而照顾不到孩子,所以会出现类似这样的事故。对于那些家长监管松散的学生来说,更要学会自我保护,提高安全意识。平时外出时一定要向家长报告自己的行动计划,让家长对自己的行踪了如指掌;如果是年龄比较小的学生,在出行时一定要有家人陪护,不能自己出行;在出行时,如果需要搭乘他人的顺风车,一定要先和家长说清,并得到允许以后方可搭乘。

据统计,中小学生发生的交通事故,一般都是由于年龄小、活泼好动并且交通安全意识不强等原因造成的,所以加强这方面的教育势在必行。任何一个家庭都和交通安全有着直接的关系,所以要想幸福快乐地生活,一定要避免交通事故,保证交通安全。

不要跟在车后跑

很多同学几乎都有这样的感慨,放学时会和附近放学的同学一起挤公交车,场面十分混乱。由于孩子们都是回家心切,并且想在公交车上占据有利的位置,就出现在公交车还没进站就开始追赶的情况,通常大批的学生都会把公交车围成一个半弧状,这样,车就被"挡住"了,同学们蜂拥而上。这种情况对于上班族来说,造成很大困惑。

现在很多家庭中孩子的父母因为工作,没有时间接孩子放学,所以爷爷、奶奶就担负起这个重任了。老人由于腿脚不灵便,通常都会坐在马路两侧公交站台前的座位上。如果老人接到了自家的孙子或是孙女就会走过来帮助孩子拿书包,然后再一起走到公交车站等车。当车来了的时候,那场面可谓是非常壮观,学生拼尽全身力气挤了进去,而老人则挤在人群之后干着急。

同学们,也许你也经历过或是正在经历着这种乘车方式,但是当你在了解了交通安全与交通法规以后,就不要这样做了。如果你在乘坐公交车的时候,千万不要做追着车跑的人群里的一员,而是要耐心等候车停稳,按照顺序上车。其实,如果人人都挤在了车门口,上车也是一件很困难的事情,结果谁都上不去。所以要养成文明乘车的习惯,礼让三先。

追着公交车奔跑还极易发生车辆碰撞的事故。有的时候车还没有进站,在同学们包围追赶下,为了考虑到安全,司机便会提前将车门打开。不进站就开车门是违规的,而司机总是陷入这种进退两难的境地,所以同学们也要为司机师傅想一想,不要追赶公交车。

为了学生们的交通安全问题,交警会去学校给学生们宣传交通安全知识,宣传的内容就有告诫学生在上学和放学乘坐公交车时,不能追着车跑,可是由于学生们年龄比较小,自制力也比较差,所以效果都不怎么好。对于公交公司来说,针对这一现象,也要求司机在停靠车辆时要注意观察,尽量远离人群停靠,然后等待人群上车之后再进站进行二次停靠。

根据公交车司机反映,对于学生跟着车跑这个行为对他们来说着实是一种压力,当看着好多学生都拥挤在车门前时,不管是开门还是不开门,都让他们感到为难。因为即使是开了门,面对那么多拥挤的学生,很容易出现因摔倒而受伤的情况,严重了还有可能出现踩踏事故。但是不开门的话,那些追着车跑的学生如果因为拥挤,也许会有学生被挤到车轮下,那情况照样是非常危险的。司机还表示,由于学校附近还会停靠很多接学生的私家车,导致道路并不能够畅通,再加上学生们的追打,每次行驶到学校附近,司机们就有一种紧张的感觉,所以倡导同学们一定不要追着车跑。公交车司机一定会耐心地等着你们都上车后才启动,所以大家不要担心回不了家。

走路时打电话要注意安全

相关报道说,如果想在走路的时候打电话或是听音乐,一定要注意周围的环境,也就是说周围有没有可疑人物,如果马虎大意的话很有可能被抢电话或背包,所以千万不能给不法分子提供机会。如果是一个对周围环境警惕性非常高的人,就一定会保护好自己。

倘若回家需要乘坐公交车,在等车时也要注意旁边的人,不要太过专注于打电话或是发短信,这样无法注意旁边的路人,同时这种做法还非常容易因为通话或发短信被人偷窥电话内容而泄露个人信息。

如果在行走过程中真的发现了异常情况,就要及时把手机调到随时可以拨打报警电话的状态,见机行事,做到及时拨打。在日常生活中,最好准备一个报警用的哨子,随时带在身上,如遇险情赶快吹响。

想要更好地保护自己,一定要尽量多的了解相关知识,提高防范意识与技能,在遇到危险情况时要冷静对待,根据自己遭遇的危险及时做出相应的对策。

2010 年年末,发生一起女孩掉入下水井的事故,原因就是女孩在行走过程中打电话,没有注意到前边一口没有井盖的下水井,而掉落井中。

事情是这样的:3 个上初三的女生一起结伴走在刚修通的非机动车车道上,走在最前边的两个同学互相聊着天,走在后边的一个女孩自顾自地打着电话,可是走着走着前面行走的两位同学回头发现这名走在后面、边走边接听电话的女生不见了。她们感到很奇怪,不知是怎么回事,不一会就听到身后的下水井里传来哭喊声,她们跑过去一看,原来打电话的女孩因为太过专注而没有看到这口没有井盖的井,不小心掉了下去。这口井有 6 米多深,救援战士不停地安慰她,最后把她救了上来。

不能否认的是,一边走一边打电话这种情况的发生是迫不得已的,如电话的另一头可能是你的妈妈或是爷爷、奶奶,他们担心你或是问一下你当时的某些情况等,但是即使是这样也不要忽视生命的重要,一定要学会珍惜。

使用手机时,由于手机会向发射基站传送无线电波,这种无线电波就会或多或少地被人体所吸收,这就是人们常说的手机辐射。经过研究表明,大部分人在使用手机时都存在着一些误区,其中最重要的就是打电话时喜欢走来走去,或是在角落里接听电话等。这样频繁地移动位置会造成手机信号产生强弱起伏的情况,使得手机会不停地向发射站传送无线电波,从而加大手机的辐射量。同理当你在角落里使用手机打电话时,会因为信号比较差而使得手机功率加大,这样造成的辐射强度也必然会增大,使人们受到更强的辐射。

第三章　安全乘坐交通工具

注意乘车安全

乘车时要先下后上，排队上车，不要乱拥挤，以免踩伤或为小偷作案提供条件。车停稳时，才能上下车，不能抢车、扒车。乘车时不可将头或手伸出窗外，以免受到伤害。乘长途汽车，一定要忍住瞌睡。在睡眠时，若司机急刹车，巨大的惯性可能给你造成伤害。严禁乘坐无牌、无证、无交警颁发许可证或车辆陈旧、车况不佳的车辆，严禁乘坐三轮车、农用车或超载车辆。万勿乘坐家长、亲朋好友酒后驾驶的机动车辆。

骑自行车时注意事项

我国是名副其实的自行车大国，自行车是市民经常使用的一种代步工具，现在几乎每个家庭中都有自行车，有的家庭甚至有好几辆。骑自行车既可以省钱又绿色环保,如果距离并不远的话只需费一点力气就能够到达。对于城市而言,路况很不好,经常长时间堵车,所以骑自行车还有一个好处就是不堵车。

有很多学生上下学时选择自行车为交通工具,所以安全意识一定要到位,必须遵守交通法规,否则非常容易出现交通事故。有的学生喜欢骑着自行车在路上追打,有的则会偶尔带着同学一起骑行,这种做法实际上是不妥当的。我国的交通安全法规清楚地写着禁止骑车携带超过 12 岁的坐车人。有些学生当遇到一些小状况后就会让坐在后座上的同学跳下来,这种慌张跳车的做法也是非常危险的,非常容易摔伤。如果遇到突发事件时骑车的人由于慌张先飞快落地之后,那么坐车的同学就更危险了,因为他还来不及采取措施就被摔下来。再说,一个学生要带着一个和自己体重差不多的同学,在路上穿行也是个考验技术的行为,所以,就安全考虑,千万不要骑车带人。

2010 年 3 月中旬,上海市某小学六年级全体学生一起举行了一场特别的自行车大赛。这场比赛并不是比谁的速度最快,而是比谁最懂得遵守交通法规。

当学生们都准备好以后,老师吹起了哨子,小骑手们就上路啦!老师将手里绿色小旗子挥舞着,并交代着:"你们稳稳地骑,骑不稳就淘汰了。"根据规定,如果老师挥舞红色的小旗子,就代表着必须停车。当老师在路口向同学们挥舞红色旗子时,很多同学都及时停下了,但是一小部分没有听从指挥的冒失鬼就被淘汰了。同学们都担心自己被罚下,于是都小心谨慎地骑着自行车,专注地看着老师发出的命令。

这件事情看似很简单,但是确实起到了很大的作用,那些调皮爱闹的学生在此事之后都老老实实骑车,整个学校都形成了文明骑车的好风气。

现今对于骑车带人这项行为已经从违规升级到了违法,所以越来越多的人都不会骑车时捎带超过 12 岁的乘客,以自己的实际行动自觉遵守交通法规,以安全的角度看待自己的人身安全。

骑自行车也一定要严格遵守交通法规和相应规范,这一点和驾驶机动车是一样的。

第一,当你骑车要通过有交通指挥的信号灯的岔路口时,不可以越线停车、更不可以闯红灯,就算看着红灯变绿,也不能着急穿过,而是要等候其他车辆全都停稳才可以通过,因为万一有闯红灯的车辆通过,你就有生命危险了。

第二,在骑自行车过马路的时候,还要注意观察路况,路上有没有坑洼处、旁边有没有车辆还在行驶等,真正做到万无一失。

第三,就是前边也说过的问题,骑车不能带人,并且要遵守上下道,有秩序行车。在和同学一起骑车上学或回家时,不要骑车相互追逐,也不能曲线竞驶,骑车时双手不能撑伞、离把或攀扶其他车辆。

第四,就是区别出非机动车和机动车车道,如果自行车骑到了机动车车道是非常危险的。骑行在非机动车车道时,要靠右边行驶,并且看好行人,虽然是非机动车车道也不要大意。

对于中小学生来说,千万不要斗气和机动车比赛、抢道,也不要相信机动车会给骑车的你让路。在平时,像自行车的刹车零件要及时维护,如果发现不好用要及时向家长反馈,做到及时修理,否则很有可能会发生事故,中国有句古话叫"小心才能驶得万年船"。

同学们都知道,在骑自行车上学回家的这段路程不可能总是直行道,一定会出现需要拐弯的弯道,但是你知道怎样骑车拐弯才是最安全的吗? 其实最重要的方法就是在骑自行车转弯时必须要减速慢行,你的减速行为能够给其他交通参与者一个明确的拐弯信号,这样他们在了解你的意图以后就会适当的躲避。如果你的前方此时有行走着的人,你可以摇响车铃来做警示。骑车拐弯时一定要将双手全都呈握把的状态,这样自行车在行驶的过程中才能稳当。在拐弯时还要注意周围或远处有没有机动车,如果有要尽量靠边躲避,但是靠边躲避时要注意不要站在司机的盲点位置,倘若司机看不到的话发生车祸的可能性就很高了。那些正在停着的汽车,也不能大意,如果里面有人的话随时都有可能开动,所以一定要小心。

在夜间由于人眼视力减弱,可见度降低,所以在夜间骑车时一定要在显眼的位置。对于中小学生的自行车,你们一定要让家长给自行车安装一个车灯,在夜间有光照的自行车要安全很多。说到车灯,一种叫"猫眼"的反光装置现在被人们广泛使用,它在遇到灯光时会自动反射光线,所以这种"猫眼"并不耗电,能让骑车人在黑暗中,就算距离稍远也能够被开车的司机看到,从而引起注意。这种"猫眼"也被人们称之为"生命的保险灯"。

即使在现实生活中大家都认为机动车司机必须礼让骑车的人,但是骑车的人必须要在遵守交通法规的基础上才可以,倘若是由于自行车车主的麻痹大意而发生了交通事故,那么最大的受害

人必定是自己和家人。

现在很多人都保证不了自己时刻做到遵守交通法规，也正是缺少安全意识、藐视生命的价值造成的。不懂得珍惜自己的身体，有时候明知道是不对的，还去闯红灯，可谓是"拿生命开玩笑"。

学校为提高学生交通安全的意识，做到了着力于安全与生命意识教育，这一点同学们都比较容易接受和理解。学校发动学生向家长做思想工作，这种用知识守护生命的做法非常值得借鉴，这也是每个学生都要上好的、能够有助于一生的安全课程。

对于骑自行车上下学的学生，一定要听从警察叔叔的指挥，严格遵守交通法规。如想要超越前边的行人或是自行车，要给予响铃提醒，在超越以后不要快速猛拐，否则会蹭到旁边的车。

现代社会，机动车的数量日趋增长，可是对很多人来说，自行车依然是生活中必不可少的交通工具。对于机动车来说，骑自行车的人往往成为车祸的受害者。所以安全骑行非常重要，加强防范意识，不要让自己成为交通隐患的牺牲品。

在公交车上不要打闹

"城市文明从我做起、从小事做起"的口号，早已深入人心。我们曾走进孤儿院和敬老院帮助那些有困难的人，我们曾多方筹集善款帮助灾区渡过难关，我们也曾来到大街上进行文明劝导活动，这些都彰显了当代学子的优秀道德素质和文明风采。可见，讲道德、讲文明应该从身边的小事做起。

　　如果每个人都能把文明当做一种习惯、一种自觉的行动，这才是我们最终的目的。当我们看到一辆辆公共汽车在城市间来回行驶，一支支排列有序的队伍在停车点耐心等待，这给城市增添了一道美丽的风景线。其实，每个人的心中都孕育着文明的种子，当种子发芽后，就有意想不到的神奇收获。当按照秩序上车时，我们不仅把方便给予了别人，也带给自己无限便利。相反，如果不遵守公共秩序，在公交车上争吵、打闹，甚至发生矛盾，不仅给他人制造了麻烦，还会为自己带来不便。

　　我们作为一名文明小公民，更应该遵纪守法，养成良好的交通乘车习惯，努力做到"车让人，让出一份文明；人让车，让出一份安全；车让车，让出一份秩序；人让人，让出一份友爱"。

乘车时，头、手不要伸出车外

　　乘车时，千万不要把头、手伸出窗外，因为会车时，或路边竖有电线杆、广告牌等物体，都会受到伤害。尤其是夏天乘车时，人们会因为天气酷热难耐把胳膊从车窗伸出车外，这种姿势虽然能给人们带来阵阵凉意，但也会严重影响行车安全，容易造成悲惨的恶果。

　　2007年年末发生一起事故，10岁的强强和爸爸乘坐公交车去姥姥家，强强坐在靠窗的位置，爸爸坐在他身边。出于好奇，强强突然从座位上站起来向外看去，此时一辆旅游大巴就在他所乘坐公交车的旁边行驶着。不一会儿遇到了红灯，强强他们所乘坐的公交车就和那辆旅游大巴并排停到了一起。强强就把右手伸了出去,去摸那辆停着的大巴车。这时,坐在一旁的乘客立刻就叫了起来:"快把手缩回来,危险!"但是,此时公交车已经启动,强强的手没来得及缩回来,由于车的惯性把强强的胳膊折断了。司机赶紧拨打了急救电话……经过医院检查,强强的胳膊因为骨折还需要进一步治疗。事后强强的爸爸非常懊恼,怪自己没有看好孩子。这次事故也给强强带来惨痛的教训,以后他肯定不敢再把手伸到车窗外了。

事实上,在乘车的时候同学们几乎都有过把手伸到窗外的经历,虽然很幸运没有发生什么事故,但这样做是很危险的。也曾有人把头伸出窗外而因此丧命的。

如果你是个重视并珍爱生命的人,那么你必须要小心,不要因为一时的好奇而造成不必要的麻烦,别看这个举动很微小,但能够造成的后果却是非常严重的。

注意乘火车时的安全

在日常生活中,当我们乘坐火车远行时,既要注意自身安全,又要防止所带财物受到损失。中小学生必须掌握一些防骗技巧,以免上当受骗。

生活中因为乘坐火车受骗的例子不胜枚举。家住武汉的周女士和丈夫来到派出所报案,周女士在火车站被骗走了15万元。原来事情是这样的:周女士要在火车站购买动车车票,由于票源很紧张,当她发愁买不到票时,一位身着浅灰色上衣的清瘦女子走了过来,主动询问,说自己有办法帮助周女士买到票。

这个女人打了电话,不到一分钟,就有一名男子过来了。两人对周女士说,他们在铁道部有朋友,可以帮忙买票。随即两人将周女士带到附近的一个社区。周女士把包交给瘦女人,跟着那个男的买票。走到半路,男子突然说,还要带身份证,于是周女士返回找瘦女子。结果等她回去,却发现那位瘦女人不见了,等她再去找那男子,男的也不见了。随即周女士报了警。她丢失了 4 张银行卡、手机、劳力士手表、钻石项链等物品,价值 15 万元左右。

以上案例告诫同学们,出远门在外,不要轻易相信陌生人,以免上当受骗。

警惕骗子上演代买车票的双簧戏。此骗术大多为团伙作案,一般在火车站的售票厅附近,看到那些急于买票的乘客,就马上上演双簧戏。戏的内容为:甲借用维持秩序等手段,让旅客认为其是工作人员,乙则顺势接近目标,让其插队,博取旅客信任,甲借机会制止,要求其排队购票,乙在向甲解释的同时,也争取到帮目标买票的机会,拿到钱后,就在其同伙的掩护下离开。

警惕不法分子借用手机的调包计。在候车厅里,骗子通常会盯上目标,主动与其攀谈、认老乡,随后就会用自己手机没电为理由借用手机,并说自己要到站外接人,为方便联系,因此将手机带走。为了不让目标起疑心,还将行李放在原地离开。其实,骗子留下来的行李不过是一包废纸而已。

添少取多的换钱术。出门难免要将手中的整钱换成零钱,很多不法分子正是抓住了这一心理,使出了换钱招数。通常,如果旅客用一张大钱买小东西,比如,用 100 元钱买 2 元的商品,需找零 98 元,卖主则会少找几元,故意让买者在清点时发现,然后假意拿回来重点,在将少找钱币添入时,再利用视觉差将其中的大钱抽走。"换大钱"还有一招,就是将一张大钱通常换回几张甚至几十张小钱,点钱时不法分子用展开的钱币夹住中间折叠的钱币,清点过程中只露出钱币上半部分,一张钱币经折叠"变成"两张,以视觉差欺骗旅客。

以上只不过是常见骗术。在乘坐火车时,同学们一定要提高警惕,与陌生人保持距离,不要轻信他人。

在乘坐火车时,除了要增强防骗意识,还要注意增强自我保护意识。当火车遭遇危险时,一定要掌握一些避险技巧。

"天有不测风云,人有旦夕祸福",意外随时可能降临。当灾难出现时我们该怎么做呢?有关专家提醒,在火车失事时可能留给乘客的只有几秒钟的反应时间,乘客应该立刻采取较安全的姿势进行自我防护。譬如将双手抱住颈部,以防止撞伤。

一般情况下,火车失事之前没有什么特别迹象,但乘客会明显感觉到急刹车。此时应该利用这短暂的几秒钟改变成比较安全的姿势。如果靠近门窗,就要远离车门,马上趴下,以防被抛出车厢,要抓住牢固的物体,此时还要低下头,将下巴紧贴在胸前,以防颈部受伤;如果座位不靠近门窗,可以保持不动。在火车出轨往前冲时,千万不可以跳车,否则不但会撞向路轨,还可能遇到其他危险。在火车停稳后,应该马上将自己的肢体活动一下,如果受了伤,就要先自救;同时,不要在车厢里停留观察,火车出轨后,很可能会随时起火爆炸,这时可以将装在紧急物体箱内的锤子拿出,将窗户敲碎爬出去,在敲窗户时车窗的四个角是较容易被敲碎的地方。

在火车上乘客可以随便走动,火车失事时虽然大部分人会在座位上,但也有人可能在厕所或者在过道。上海一位资深的列车长说:紧靠机车的前几节车厢出轨、相撞、翻车的可能性比较大,而后几节车厢的危险性要相对小一些;而车厢的连接处则是最危险的地方。当乘客处于车厢中时,如果火车发生了倾斜、摇动、侧翻,应该平躺于地上,将脸朝下,用手抱住后脖颈,尽量减缓火车带来的撞击力;如果乘客在火车过道,应躺于地上,脸部朝下,脚朝着火车头的方向,双手抱在脑后,脚顶住任何坚实的东西,弯曲膝盖。只有这样做,才能将伤害降到最小,获取更大的生机。

据调查,在"7·23"动车追尾事故中,受伤的旅客大多都是脾胃等内脏受到伤害,主要原因是在高强度的冲击下,身前的小桌板将其碰伤。对此,专家说,在乘坐高铁时,时速较快,如果没有必要,尽量不用小桌板。另外,实验结果还显示,在乘客区,背向列车行驶方向的假人受到的撞击,要明显比面向行驶方向的假人大。所以,专家建议动车里应该采用可旋转坐椅,使乘客始终迎向而坐。

如果遇到突发状况,车厢两头的乘客还可以迅速找到带红色圆点的逃生窗,拿起旁边的逃生锤,将靠近窗框的位置敲碎。在第一层玻璃被敲碎之后向下拉,把夹胶膜拉破。而在中间部位的乘客,在紧急时,可用高跟鞋的跟尖代替逃生锤。在疏散时,人群会非常拥挤,在人群中可以将左手握成拳,右手握住左手的手腕,双肘撑开平放胸前,以形成一定的空间来保证呼吸。

火车带来了便利,也带来了危险。在乘坐火车时,同学们一定

要提高自我防护意识,保证安全出行。当遭遇危险时,也不要慌张,用我们交给大家的方法,将不可避免的危险降低到最小。

文明乘坐地铁

随着经济的发展,很多城市都开通了地铁,更多的市民选择乘坐地铁出行。文明乘坐地铁,也成为大家关注的话题。作为经常搭乘地铁出行的同学们,更应该重视地铁安全问题。

对于乘坐地铁时出现的一些不文明行为,同学们应该自觉地抵制。譬如在地铁的候车区,有人横着躺在坐椅上,一个人占了3个座位;有些年轻人,在地铁车道旁的黄色隔离线上走"猫步";当列车呼啸到来时,候车乘客蜂拥而上,上车的、下车的挤在门口互不相让;在地铁车厢内,一名抢到座位的年轻女子,拿出纸巾将座位擦了两三遍,顺手将用完的纸巾扔到了车厢地上,等等。

作为一名文明学生,搭乘地铁时,更应该懂得怎样安全乘车、文明乘车。

一位做乘客引导的工作人员——李阿姨,通过多年为乘客服务的经历,总结了一些乘客容易忽视的安全小细节。

有些人将脸部贴在安全门上使劲儿往隧道里张望,看车来没来。实际上,扒着安全门的做法很不安全,李阿姨解释说:"一方面,地铁速度快,进站时会带来很大的风;另一方面,如果您正好靠在安全门打开的位置上,突然开门容易受到伤害。建议同学们在乘车时一定要站在黄线外候车。"

　　在地铁站台上，当车即将进站时，很多市民都喜欢集中在电梯口附近的车门位置，车门打开的瞬间，大家一同拥向车厢。李阿姨说："很多乘客如果都集中于一个位置，工作人员常常需要把他们分散开并告诉乘客，列车的每个车厢一侧都会有四个车门，整列车就有 24 个，没有必要集中在一起，这样不仅影响上车效率，在拥挤过程中还可能带来安全隐患。"遇到一些乘客急匆匆往里挤的情况，李阿姨说："应该遵守先下后上的原则，不过一旦乘客较多，也可以采用中间下两边上的方式。"一位乘客曾经说："我在广州上学时经常乘坐地铁，那里的工作人员常常在人多时提醒大家，列车到来前就站队准备好，留出车门中间的位置给下车的人，上车从两边，这样既不会乱，同时也节省时间。"

　　在上车的过程当中，很少有乘客注意到，在即将关门时，前车门上方的黄灯会开始闪烁，而这时依然会有人从远处跑来上车。李阿姨建议："黄灯闪烁表示车门即将关闭，而此时如果你听到了嘀嘀嘀的警报声，这时就不能再上车了。如果强行上车，就有可能被关闭中的车门伤害到。"

　　在公共场所，同学们应该遵守公共秩序，应该听从地铁站工作人员的引导，甚至一定的限制，不应凭义气一时冲动而置公共安全于不顾，因为当公共秩序遭到冲击时，危险随时都会扩大，那一刻，地铁已经像个炸药桶，可能一个个体过激的言行都可能引起全体的爆发，后果不堪设想。而如果大多数人都能很好地克制自己，不做随波逐流增加危险的随从者，而是听从现场人员的疏通引导，那么可能会避免许多不幸。

　　提醒同学们，购票时要提前换零，主动排队；提前取卡，最好不要隔着包刷卡；请勿携带易燃、易爆、有毒、有放射性、腐蚀性等危险品进站及乘车；不能携带易污损、有严重异味、无包装易碎、尖锐物品进站及乘车；乘坐扶梯时靠右站稳、左边急行；候车时依次排队，先下后上，上车后往车厢中部走；遇到老人、小孩、孕妇等要主动让座；不在车厢内饮食；车站内严禁使用滑板、溜冰鞋及自行车等器材；候车时请勿触摸安全门；尊老爱幼，提倡给需要的人士让座；不向闸门冲，灯闪铃响停步于黄线以外；如遇困难，请向服务中心寻求工作人员的帮助。

地铁已经成为城市的一张名片，更是道德文明的窗口。为了让家乡的窗口更加明亮，我们特别向全体学生们发出倡议：文明乘坐地铁从我做起，做文明乘坐地铁的践行者，并以自身的力量影响身边的每一个人，播撒文明之光，让其照耀我们生活的美好城市。

第四章 交通事故的预防措施

出行时遵守交通法规

如果你是一个遵守交通法规的人,那么你一定也是一个热爱生命与生活,同时又非常积极向上的人。交通安全事关生死,倘若漠视交通法规,甚至违反交通法规,在顷刻间就有可能被夺去宝贵的生命。就算你生活在一个温馨幸福的家庭里,也逃不脱家破人亡的结果,这是一条名副其实的不归之路。所以,大家必须了解、遵守交通法规,让自己平安快乐的成长。

现在社会经济发展迅速,相应而来的就是人们生活水平在不断提高,买车成为一件时尚的事情。车能够给人们的生活带来便利,如在家人生病时可以及时送去医院、买东西也有地方放、让人们的出行更加节省时间和体力等,所以现在路上的车辆是越来越多。同学们每天都上学,都能够亲身体会得到,尤其是生活在城市中的孩子,一直受着拥挤的道路的烦扰,并且身边的交通事故也越来越多。

据统计，交通事故数量在逐渐增加，每年都会有很多宝贵的生命被交通事故夺走，也就意味着每年都有很多幸福的家庭因为家人的失去或是伤残而陷入不幸，这是件非常可怕的事情。所以，同学们作为一名国家的小公民，一定要讲文明，做到遵纪守法并且养成良好的交通习惯，努力做到"安全出行，幸福一生！"

只要我们每个人的心中都有安全意识，那么要做到遵守交通法规并不难，如果每个人都遵守交通法规，必然会避免由交通事故导致的悲惨后果。尤其是学生到了4年级后，户外活动会随着年龄的增长而逐渐增多，从而与交通的联系就会变得更加紧密。通常，学生1~3年级时，一般都会有家长接送，4年级以上的学生就会开始独自上下学，也就要独自面对各种交通情况。特别是城市里的学生，虽然他们的学校距离自己的家并不远，但是在上学、放学的路上会遇到很多车，流量也比较大，如果不注意交通安全，或在马路上追逐打闹，或是随便穿越马路，对人身安全就构成很大的威胁。面对交通事故发生率逐渐上升的时代，加强学生交通安全教育，让他们了解和掌握走路、乘车的基本交通安全知识，是让他们具备自身保护能力的一项重要举措，因此同学们一定要尽可能多的了解和掌握相关的交通法规，并且要牢记在心，坚决按照交通法规的要求去做，在自身遵守交通法规的同时，也要将这个意识向周围其他人进行宣传，号召大家全都遵守交通法规，做自己生命的主宰者。

交通法规是我们国家的法律规定，如果你有不遵守交通法规的行为，其实就是一种违法行为。有的学生反映，遵守交通法规就是为了做给交警叔叔看的，也就是有交警叔叔在时就遵守，没有就不愿意遵守了,这种想法是不对的。同学们一定要谨记:遵守交通法规是为了自己的安全,同时也是为了他人的安全,不管交警叔叔在或者是不在,你都必须要自觉去遵守。即使在你要过马路的时候,看到路上没有车,也不能自认为这就安全了,也不能在没有亮起绿灯的情况下就擅自穿过马路,万一在你没注意的情况下冲出来一辆车后果就不堪设想了。所以自觉地遵守交通法规体现了一个人的文明素质,从小就要做一个文明守法的公民。

交通安全还是关系到家庭幸福、社会稳定的一项行为,如果你生活在一个幸福的家庭、安定的社会中,那么就证明我们的国家也正在快速的发展,所以保护自己也是一种爱国的体现。每个人都是国家中的一员,都有维护国家利益的职责,所以不管是谁,即使你现在很小,对交通安全法规的遵守也不能掉以轻心,要坚持不懈,确保自己安全健康的成长,交通法规就是你的生命之友,如果你养成遵纪守法的良好习惯,将一定会终身受益。

乘车时系好安全带

中小学生在乘坐出租车及各种小汽车时一定要注意系好安全带。安全带被称为汽车的"生命线",对司机和乘客的人身安全起了保护作用。当高速行驶的汽车发生碰撞或遇到意外情况实施紧急制动时,安全带能够将驾乘人员束缚在座位上,防止发生二次碰撞;同时安全带有缓冲作用,能吸收大量的撞击能量,减轻驾乘人员的伤害程度。汽车事故调查表明,在发生正面撞车时,如果系了

安全带,可使死亡率减少57%,侧面撞车时可减少44%,翻车时可减少80%。

据统计,在美国每年有超过1万名驾驶者因为使用安全带而保住性命,而在国内忽视安全带的功能发生惨剧的事情不胜枚举。对于那些曾被安全带从"鬼门关"救回来的人来说,安全带绝对是汽车安全中最重要的设备。

我国交通事故率偏高,每年交通事故死亡人数位居世界前列,因此而造成的财产损失以亿计,被人们形象的比喻为"马路上的战争"。以2009年为例,我国一年共发生约28.6万起交通事故,以一年365天计,平均每两分钟就发生一起交通事故,而不系安全带又是致交通伤害的重要原因之一,可见,在行车中系安全带的必要性和重要性。

本质上讲,使用安全带就是对自己生命负责任的表现,是交通事故中减少人员伤亡的重要措施。如果驾乘人员提高自我安全意识,意识到系安全带是自我保护的行为,明白系安全带之于驾乘人员的作用,养成系安全带的习惯,把系安全带变成一种潜意识,那么将会大幅减少交通安全事故。

系安全带是自己的事情!因为一时的怕麻烦、疏忽、不注意、敷衍等,而造成一生无可挽回的悔恨和痛苦,那是非常不明智的。

安全意识淡漠并不一定会出交通事故,但安全意识强却一定可以避免很多悲剧的发生。

"祸起瞬间,防患未然",为了安全,乘车时请系好安全带。

做"喝酒不开车"的小宣传员

　　同学们,光靠自己遵守交通法规是不够的,我们还有义务倡导全家人都拥有这种遵守交通法规的安全意识,对于家庭有车的学生更是如此。如果你的家人因为违反交通法规而出现车祸,你一定会非常伤心。几乎每个学生都听说过酒后驾车出现事故的事情,所以这时候你要想想,家里谁会开车,谁又是个喜欢喝酒的人呢? 如果你的某个家人既会喝酒又会开车,那他会不会出现酒后驾车呢?

　　现在人们的生活日趋富足,像这种"喝着小酒,开着小车"的事情似乎越来越常见,并且很多的人都觉得这是一件很时髦又小资的事情。尤其现在很多人乐于频繁的和同事或朋友们在一起喝个小酒聊个天,于是在回家的时候就心存侥幸心理,认为自己喝的不多,不会有事情。但事实上,很多酒驾后发生事故的人,一般都认为自己没有问题,但是最终问题还是出了。还有些司机认为:只要不喝多,驾车根本就没什么问题。甚至还有些人觉得:会喝酒的人,喝一点酒开车会比平常更平稳。这些都是给自己酒后驾驶找借口而已,他们更应该注意的是:"司机一滴酒,行人两行泪!"

　　2005 年,交通部表示我国在这一年里共发生道路交通事故 45万起,事故造成 47 万人受伤、98738 人死亡,直接造成的财产损失达到 18.8 亿元。我国各类重、特大安全事故死亡总人数中,交通事故中死亡的人数就占到了大约 3/4,这是一个多么庞大的数字啊!

并且在这些交通事故中,因为驾驶员个人因素而导致的交通事故数量和死亡人数分别占到总数的92.7%与92.2%。同时世界卫生组织的事故调查也显示,有50%~60%的交通事故都是和酒后驾驶有关,也就是说,世界卫生组织已经把酒后驾驶列为车祸致死的首要原因。

有人对酒后驾驶做了相关实验,找来6个具有15年驾龄的司机,让每人喝了350毫升的啤酒。过了半小时,饮酒后的司机们就开始对红绿灯产生了异常的生理反应,大约比在喝酒前迟钝了2倍。也就是说,酒精在人体血液中如果达到了一定的浓度时,人自然就对外界的反应能力以及控制能力受到阻碍,特别是在处理紧急情况时的能力会下降,从而发生人们不愿看到的一幕。

来自国际组织的一项统计数据显示:关于酒后驾车而引起的交通事故,每33分钟就会有一个人死于这种车祸。即使很多人在看过或是了解到有关酒驾的悲惨事故之后,都希望自己不会是事故的主角,但是有关专家统计后表明,在人的一生中,被卷入和喝酒有关的交通事故里的可能性高达30%,没错,这是一个让人胆寒的数字。

这个数字也告诉同学们,在一个人三次酒后驾驶中,就很有可能会发生一次交通事故,即使是少量的饮酒也不行。交通事故的危险度可以达到没有饮酒状态时的两倍左右。

通常到了节假日,由于酒后驾车而引发的交通事故也会比平常多很多。同学们,为了全家人都能幸福,一定要劝告家人酒后千万不要驾车。虽然宴会不能少,但是在宴会之后可以选择乘公交车或是打车的方式回家。一定不能"逞匹夫之勇",在走路都摇晃的情况还非要开车回家。

人在饮酒后,会使视像模糊、视野减小,由于视力暂时受损会使得视像不稳、辨色能力下降,眼睛就会错误的领会交通信号、标志和标线,使自己的判断也出现错误,从而酿成灾祸。有的人在喝酒过量以后还会出现心理变态的情况,人在酒精的刺激下,通常会对周围人的劝告不予理睬,有的甚至打骂周围的人,这是非常不雅的行为。

加强道路交通安全宣传

交通安全是指在交通活动的过程中,可以把人身伤亡或是财产损失控制在一个能够接受的水平。如果这种伤亡和财产损失超过了可以接受的程度,就视为不安全。道路交通不但受外部环境的干扰,同时也受系统内部各种因素的制约。外部的干扰一般为道路、车辆、人等;而内部因素制约一般为不平衡、不稳定或是不可靠。这些内、外原因就导致了各种矛盾与冲突,从而产生了不安全因素。

为了进一步提高人们的文明交通意识与法律意识,做到能够预防与减少道路交通事故,为了大家都能够有个和谐、畅通又安全的交通环境,人人都要做个交通安全宣传者,真正做到"文明出行"。

宣传道路交通安全的方式有很多,同学们可以互相组织起来,一起探讨与宣传,可以对交通安全宣传品进行展示,播放交通安全

教育的光盘或录音,也可以有计划地参与到宣传交通安全的机构里,做一名小小志愿者。如果在街上发现有出行不讲文明的人,要指出并及时上前制止。

在学校时可以利用学校的黑板报、宣传栏、横幅标语等,来展示交通安全教育,让每个同学都能了解。真正做到从小做起,防患未然,远离交通事故。·交通标志、交通信号与交通标线等,是道路交通管理的重要组成部分,也是道路交通很好的管理手段,所以同学们一定要对这些有所了解,确保安全。

2011 年 6 月,上海一所中学为进一步强化学生交通安全意识,促进学生养成良好的安全习惯,开展了一场宣传道路交通安全主题大会,大会的名字就叫"宣传交通安全——从我做起"。

这次活动并不像以往那样是以灌输式的方式来让同学们了解安全知识教育,而是让学生切身去体会交通安全的重要性,这种方式所达到的效果非常好。学校给学生们播放了一些交通事故的录像,让大家以此为戒,时刻谨记交通安全的重要性。录像中那些真实的车祸镜头,让学生们深感生命的脆弱,也同时体会到了生命的珍贵。

交通安全与生命挂钩,只有做到了安全出行,才是对自己、对他人生命的负责与尊重。这次宣传道路交通安全的大会使同学们学会了很多交通法规,也了解到了自身的不足,这对养成自觉遵守交通法规的良好习惯起着重要作用。

在校园也要时刻做到消除安全隐患的监督员。观察一下校园周边交通信号标志、标线是否齐全和规范,如果不达标,一定要向学校管理人员反映,及时排查隐患,做到有效防护。平时在班级里,要向老师建议多开展交通安全教育活动;上下学骑自行车的同学不要并排骑行,不要骑"飞车";体育课不能在公路上;横穿马路要走人行横道、看好红绿灯等。

紧急救护方法的学习

如果同学们遇到了交通事故,并且在没有人救助的情况下,都会表现得不知所措。但是在关键时候,倘若没能采取正确、必要的救护,就很有可能给之后的抢救与治疗带来许多困难,造成救治延误。所以,了解一些必要的自救知识以及对意外事故的处理方法,能够减轻交通事故给伤者带来的伤害。

撞击伤、碾挫伤、减速伤和压榨伤等都是车祸给人们带来的常见的伤害,其中撞击伤和减速伤最多。撞击伤多由机动车直接撞击所致,而减速伤则是因为车辆突然发生强大的减速所导致的伤害,如颈椎损伤、颅脑损伤、主动脉破裂、心脏及心包损伤、"方向盘胸"等。接下来就是碾挫伤和压榨伤,这些伤顾名思义就是因为车辆的碾压而导致的挫伤,或是被变形的车身、驾驶室所挤压造成的伤害,这种伤的伤势最重,死亡率也高。

2011年7月23日,北京南至福州的D301次列车和杭州至福州南D3115次列车发生追尾事故。事故发生在浙江温州双屿下岙路段,D301列车的1-4节车厢脱线,而D3115列车的15、16车厢脱线,此次事故导致40人遇难、11人重症、191人受伤。

从事故中逃脱的王先生说,事故发生时自己感觉到火车将要

发生事故的这短短的几秒钟时间内,就做好了紧急准备,快速将自己的坐姿调整成比较安全的姿势。

倘若你所在的位置是距离车门较远的位置,可以选择趴下,然后抓住身边牢固的物体,这样就能够很好地防止被抛出车厢。与此同时,还要将自己的头低下,最好让下巴紧贴到胸前,这样能够保护颈部,防止受伤。

倘若发生事故先兆时你在卫生间里,这时候不要着急往外跑,而是在第一时间采取行动,以最快的速度坐在地上,然后膝盖弯曲,面朝车尾的方向,将身子支撑稳当后用手抱住脑袋。在车体发生剧烈碰撞与颠簸停下来后,一定要迅速将自己的四肢活动一下,然后想办法逃离车体。因为通常如果前几节车厢相撞、出轨的话,那很有可能会出现翻车的情况。

如果当时的情况使你不能快速撤离的话,就要记住要在车厢中部躲避,千万不要在车厢与车厢之间的连接处逗留,那里是最危险的。如果你身边有利器,还可以将车窗玻璃敲碎,然后逃出险地。

不管怎样,一定要有安全意识,在突然发生的危险面前做出及时的反应,如果能够把防御工作做好的话,就能将灾难程度降低。

以下是在事故受伤后的几种自救方法。

伤口流血:一般都是由外伤引起的。流血也分几种,如果是身体并没有大碍的小伤而导致流血的话,可以等待去医院包扎,但是如果是因为颈部、腕部等流血较多的部位,一定要及时快速的用毛巾或其他任何可以包扎的替代品进行暂时性的包扎,以便止血。基于此原因,每辆车上最好都预备几条干净的毛巾。

　　如果伤者出现胸部剧痛、呼吸困难的情况,首先要怀疑是肋骨骨折而刺伤肺部。这种情况是很常见的,当车祸发生时,刹那间的撞击会让驾驶员被方向盘撞到胸部受到这种伤害。肋骨骨折后碎骨进入肺叶,碎骨能够刺破肺泡造成血气胸,从而引起肺栓塞,严重时还能导致伤者死亡。倘若出现这种情况,伤者一定不要贸然移动身体,而此时旁边的人也不要贸然将伤者移动,而是等待专业的医务人员前来救治。

　　如果受伤的人感觉自己的腹部非常疼痛,那么就要想到也许是肝脾破裂而大出血。因为有的车的方向盘设置的比较靠下,所以在发生剧烈的撞击之后,自己的肝脏和脾脏等器官非常容易因为撞击到方向盘上而受到伤害。

　　如果伤者神智清醒,要先对此时留在车里是否安全做出一个正确的判断,如果车辆面临着火或是很有可能会被第二次撞击的话,一定要缓慢移动身体,努力让自己离开车,到了安全区域后就不要走动了。注意,任何一个动作都必须要缓慢地进行。

　　肢体肿胀畸形:一般情况下就是骨折了。当受伤的人发现自己的肢体骨折之后,千万不能乱动,也不要让不懂包扎的人进行乱包扎,因为如果包扎不当的话,一定会影响到以后的正常恢复,那就得不偿失了。在搬动伤者时,动作要小心且缓慢,不要将伤者受伤肢体进行相对移动,否则就不只是骨头受伤,还会影响到血管和神经。

　　倘若伤者在一个距离医院非常远的地方,不能在短时间内被送去的话,就要用木棍或是木板将受伤肢体绑住,注意木棍或是木板一定要直。

如果伤者在发生事故后有颈部疼痛，那就要想到也许是颈椎错位。通常在车祸中，坐在副驾驶座位上的人比较容易发生这样的损伤。

颈椎或腰椎受伤是非常严重的创伤，如果救护不当的话，很有可能形成永久性的伤害，甚至有瘫痪的危险。在搬运这种伤者时，要用硬板担架，如果条件不允许的话，也可以用门板代替。

以上几点是在交通事故中受伤后的自救知识，同学们一定要掌握。在抢救伤员时，要本着先救命后治伤的原则，不要盲目行动。如果伤者被压在货物或是车轮下，要想方设法将货物或车轮搬离；如果伤者没有办法从事故车内出来，一定不要勉强，而是等人前来帮助，以免造成二次伤害；倘若是特大灾难，在救助处于昏迷状态的伤员时要采用侧俯卧的方式，在救治休克伤员时，要注意防止伤员的热损耗，对其采取相应的保暖措施；如果伤员没有呼吸，一定要立刻对伤员进行口对口的人工呼吸；要是出现大量流血，就要赶快给其用压迫法止血，倘若伤者是大动脉流血可以采用指压止血法，用拇指用力压住伤口的近心端动脉，阻断动脉血液流动，从而达到快速止血的目的；如果有伤员被火燃烧，就要快速用衣物将火扑灭，或是直接泼冷水。

穿越铁道口时的注意事项

行人通过铁路道口时，如遇到道口栏杆（栏门）关闭、音响器发出报警、红灯亮时，或看守人员示意停止行进时，应站在停止线以外,或在最外股铁轨 5 米以外等候放行;如遇到道口信号两个红灯交替闪烁或红灯亮时,不能通过,白灯亮时,才能通过;通过无人看守的道口时,应先站在道口外,左右看看两边均没有火车来临时,才能通过。

第五章 交通事故应对措施

乘坐公交车遇到突发事故时怎样应对

　　公交车是最常用的交通工具之一,乘坐公交车可以便利人们的出行,并且价钱便宜,尤其在城市中,为了解决拥挤的交通,政府也呼吁市民多选择乘坐公交车,所以,公交车自救方法,同学们一定要了解。

　　在公交车的前、后车门的上方,都设有紧急开关,如果在危急时刻将这两个车门的电控开关打开,就能够将应急车门打开,但是开关也很有可能会失灵,这时,可以通过手动开启紧急开关来打开车门。紧急开关的旁边通常设有一个黄色的标签,并设置在车门的上方,旁边还会标有"紧急开关,请勿乱动"的字样。

　　如果发生了突发事件,司机要想办法打开紧急开关。如果紧急开关失灵,车上乘客又太多,司机没有办法迅速地冲到车门旁时,可以让站在车门旁的乘客帮忙。但是要注意的是,在平时,公交车行驶过程中即使你就站在门的旁边,也千万不要随便打开紧急开关,防止发生不必要的交通事故。

　　不管是因为天气炎热导致公交车自燃现象,还是由于公交车与其他车辆发生了碰撞事故,也或者是公交车坠河事故等,都不得不引起人们对公交车应急方法的重视。有的同学也许会认为一般自燃现象都是发生在私家车上,但事实上公交车也是很容易发生自燃现象的。所以公交车必须配备灭火器、安全锤。

　　如果公交车发生了自燃,由于车上人很多,但是车门却只有一两个,那么多人通常没有办法在短时间内逃离,所以灭火器、安全锤在那个时候会非常凸显其重要性。在前不久,广州就针对公交车灭火器和安全锤进行了一次调查,发现很多公交车上原本应有的安全锤却不见踪影,而灭火器要么残旧不堪,要么随意堆放,对于自救逃生的紧急开门的开关甚至都有损坏现象。为了市民出行安全,广州某消防支队联合市公交公司会同各媒体,向市民宣传爱护车上的公共设施等安全防护意识,同时还教市民在遇到公交车着火时,怎样逃生自救。这项举措赢得了广大市民的赞同。

　　对于在乘坐公交遇到火灾时,同学们要注意不能把车门堵住,倘若大火没有封住车门,就用自己的衣物把头部蒙好,将口鼻也捂住,然后从车门冲出来。如果车门已经被大火封住,或是由于某种原因打不开,同学们可以破窗逃生。现在一些空调车的车窗一般是不能打开的,这时候就需要安全锤的帮助,可以将安全锤取下砸开车窗逃出。公交车上一般都配有灭火器,而灭火器的位置一般都在驾驶座的后部或是车身中间处。倘若你就在灭火器的旁边,要及时将灭火器拿起,如果你不会使用,可以快速地把灭火器交给司机或是车上会用灭火器的乘客,让灭火器在第一时间发挥作用。

倘若你的衣服被点着了,那么可以迅速脱下衣服,并用脚将火踩灭。要是火很大,根本来不及脱衣服的话就要赶快扑倒,然后就地打滚,也能够帮助你将火滚灭。如果你身边有人衣服着火了,你可以脱下自己的衣服或是用其他布料的物品,快速地将他人身上的火捂灭,但是千万记住不能乱跑,因为乱跑不仅不能解决问题,还会让火苗越烧越旺。

在公交车着火后乘客一定要及时提醒司机停车,让其将油路和电源切断,并指挥大家迅速而有序的逃离事故车。在逃跑的时候要注意保护好自己的皮肤和头发,捂住口鼻,不要吸进浓烟,此时的浓烟都是有毒的。当你不幸被火烧伤,在下了车以后不能随意触碰被火烧伤的伤口,同时尽量多饮用一些水。

如果公交车由于燃烧而翻车的话,在车内的乘客最好将秩序维护好,不要着急抢着往外钻,而是让靠近外侧的人最先逃离。要是车辆不停翻滚,车内的人为了减少伤害一定要迅速趴到座位上,并抓住车内较为坚固的物体,将身体稳定好,以防撞伤。对于先跑出去的人来说,不要沿着翻车方向跑,否则很有可能被车撞到。

特别提醒的是,有的学生比较调皮,在乘坐公交车时喜欢搞一些小破坏,所以同学们一定要注意不要顺手牵羊地拿走安全锤,或是损坏车上的消防设施。

车辆落水时怎样逃生

现在路上车辆越来越多,不管是旅游旺季还是淡季,路上都是

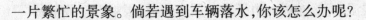

一片繁忙的景象。倘若遇到车辆落水，你该怎么办呢？

车辆落水从发生到结束的时间是非常短暂的，要想保全生命，首先随车落水的人不要慌张，特别是那些不会游泳的人，想要脱险就更不能慌张了。当车辆落水以后由于外部水的压力较大，车门很难打开，要想逃出去就要通过车窗逃生。在入水以后，第一件事情就是把自己的安全带打开，然后就是把车窗打开，不管是通过电动还是手摇或是以破坏的方式打开，反正车窗是必须要打开的，只有把车窗打开了，就能够看到一线生机了。对于不会游泳的人，要在最后那一次能够呼吸的时候深吸一口气，再钻出来尽量让自己浮出水面，再换气，然后尽量漂浮，切忌惊慌的胡乱拍打水面，这样只会让自己很快就精疲力竭，从而难以支撑到救援人员的到来。

在危急的情况下，事故人员必须要努力做到保持镇静，因为过度的紧张会使人心跳加速，这时人体内血液中的二氧化碳就会迅速增多，那么无疑对此时非常缺氧的事故人员雪上加霜，呼吸更加困难。经过多次实践表明，在正常情况下，如果从一部被水淹没的车中逃出来的时间在 20 秒左右，而一个心情放松、能够让自己镇静下来的人能够在水下屏住呼吸的时间为 30 秒 ~ 45 秒。

当然，不同的车型也决定着逃生的难易。就拿轿车的出水口来说，不同类型车子的出水口并不一样。通常比较轻便的车身，可以在水上漂浮的时间会长一些，所以如果你所在的车是很厚重的，那么你就更要抓紧每一秒的时间。如果车子是倒着掉入水中的话，那么窗口就会被打碎，这时你要注意保护好自己的头部。

在水中，想要把车窗打开，手动开锁开窗一定会比自动的车要好开一些。因为如果车子落水的话，自动车的"电子控制系统"很

有可能被浸湿,那么车内的电子设备就会失灵,很难再打开车窗。

下面谈谈关于车辆落水具体的自救方法:

第一,立刻打开中控锁。一定要用手动方式以最快的速度打开,以防失灵。

第二,不要在车子刚入水时就费力气去打开车门,因为这是一件几乎没有办法完成的事情。危急时刻,你要尽可能趁着还能够呼吸而进行深呼吸,等到水已经完全浸入车体,这时车内外压力就会相对平衡,再将车门或车窗迅速打开逃生。

第三,倘若你经过努力,还是没有将车门和车窗打开,那么就要用尖嘴锤或车内坚硬的物品去砸窗,注意不要去砸挡风玻璃,因为就算砸也只是白费力气,它是砸不开的。砸窗时要砸车辆的侧窗,在砸穿侧窗时,很有可能外面的水会把碎玻璃冲进来,注意别被玻璃划伤。

第四,尽快浮上水面。倘若你不会游泳,可以在车内找一些可以漂浮的物件帮助你浮出水面。

实验表明,一辆超过1100千克的汽车落入水中后,并不像同学们想象的那样如石头一样直接钻入水底,相反,它的车头会下倾,而车尾部分翘起,以这种姿势漂浮在水上,然后再慢慢下沉。在下沉过程中,水也会逐渐涌入车里,倘若不开门进水的过程是缓慢的。

对于司机来说,还要面临着方向盘卡住脚的危险,所以司机可以选择在副驾驶座位处逃生。当然,如果司机能够把身边的门打开的话,就不要舍近求远了。

有人说,在车辆落水事故发生时,可以找个大塑料袋套在头上,并且在脖子的地方将塑料袋扎紧,那么塑料袋里面的空气就可以帮助他有必要的氧气。这个说法是行不通的。因为危急时刻,根本就没有时间找个塑料袋并在脖子上扎紧,并且也很难扎紧。这只会浪费求生的时间。还有一种说法就是打开天窗,选择从天窗处逃生。事实上,倘若在危急的情况下,天窗还能够打开,就能说明车是有电的,那么车在有电的情况下为什么不直接选择打开车门或将车窗落下呢? 如果能够将车门打开的话,全车的人能够一起逃脱,而开天窗一次只能逃一人。

小轿车发生自燃时怎样应对

在交通发达的今天,时时刻刻都会上演交通事故的悲剧,虽然这些悲剧我们并不想看到,但想要阻止它却不是一件容易的事情。所以,我们最应该做的,就是把交通法规牢记在心的同时,还要把防护措施做好。随着特大交通事故越来越多的出现,不得不让驾驶车辆的人员考虑更多的问题:一是掌握必要的急救常识,再者就是准备应急物品,如灭火器、应急包和安全锤。

人们常说:"不怕一万,只怕万一!"万一遇到小轿车自燃时,该怎样应对呢? 首先,车上必须备有灭火器。有人专门对私家车备有灭火器的问题进行了调查。他随机采访了十多名车主,其中有6名车主都表示自己车内没有灭火器,并且对灭火器也比较陌生,根本就不会使用。在其余4名车内设有灭火器的人员当中,其中还有一名车主的灭火器是过期的,并且也不会熟练使用。

其次,是配备安全锤。我国的大卡车和大客车上可以见到安全锤的身影,但是大部分轿车中却没有这个工具。很多交通事故表明,如果车主遇到火灾,那么拥有安全锤逃生的概率会大很多。同时,灭火器和安全锤都要放在驾驶员容易取到的地方。

我们在乘车时,一旦闻到车辆有焦味或是看到车的某个地方(通常都是引擎盖处)冒出浓烟时,一定要赶紧下车,因为这很有可能就是车辆要发生自燃的前兆。在下车之前司机要将电源关闭,然后拉上手刹。下车之后赶紧拿出灭火器,向车体燃烧的部位喷,直到火苗都被扑灭后才能把灭火器移开。

自燃的风险主要来自于两个方面:一是电路,二是油路。所以自燃现象通常会发生在改装车和年龄比较大的车上。当我们乘坐这类轿车时,一旦发现异常,应赶快弃车。

冷静应对交通突发事故

不管是做什么事情,都要有清醒的头脑去沉着应对,才能得到一个满意的结果。特别是应对突发事件,更需要保持冷静,真正做到临危不乱。如果遇事惊慌、大呼小叫,只能给原本头疼的问题徒增新问题罢了。所以同学们一定要记住:沉着冷静是应对各种问题的基础。

美国全国交通安全管理局曾经有数据显示,在2009年一年中,不幸死于车祸的人数有4881人,其中这些人中有974人是死于司机不负责任而肇事离去的。这些数字警示人们,遇到交通事故一定要冷静,不要因为慌张而丢掉做人的准则。

心理学认为,在面对一些突然发生的紧急情况下,人都会产生应激情绪,出现自己的大脑局部遭到抑制、心搏加速、正常的思维活动受到限制等情况,这时的人就会处在"当局者迷"的状态下。虽然适度的紧张对人体存在一定的益处,但是过度紧张所起的作用就是负面的了。

同学们也看到过,在发生交通事故以后,有时候驾驶员双方会在事故后互相争吵,都是说对方的不对,如果脾气更大的,还会出现大打出手的现象。这就是因为他们在处理问题这方面不够冷静。通常,被坏情绪冲昏头脑的驾驶员总是喜欢把责任归咎于对方,并没有责备自己的意思,可对方往往也不是省油的灯,凭什么被指责啊? 所以双方都不能做到心平气和,这样,导致越说越乱,最后都是在浪费自己的时间。

之前湖南就发生过这种事情,在发生事故之后,双方光顾着争执,最后还扭打在一起,后边等着过路的司机都很着急,一气之下他们一起把其中一辆车给掀翻了,原本一件小事情,到最后越来越大,实在没有必要。

正常情况下,如果在道路上发生了交通事故,但没有造成人员伤亡,当事人双方应该合理地进行协商,然后尽快撤离现场,让交通得到恢复,因为路是大家的,不要只想着自己的利益。如果双方没有协商好,就迅速报告执勤的交通警察或者公安机关交通管理部门,并将现场保护好。

如果事故造成了人身伤亡的,一定要本着生命为大的原则,积极抢救,然后再进一步协调赔偿事宜。

发生交通事故后当事人怎么处理

发生交通事故时,当事人应采取以下措施。

一、立即停车

车辆发生交通事故后必须立即停车。停车以后按规定拉紧手制动,切断电源,开启危险信号灯,如夜间事故还需开示宽灯、尾灯。在高速公路发生事故时还须在车后按规定设置危险警告标志。

二、及时报案

当事人在事故发生后应及时将事故发生的时间、地点、肇事车辆及伤亡情况,打电话或委托过往车辆、行人向附近的公安机关或执勤交警报案,在警察来到之前不能离开事故现场,不允许隐匿不报。在报警的同时也可向附近的医疗单位、急救中心呼救求援。如果现场发生火灾,还应向消防部门报告。交通事故报警电话号码为110或122。当事人应得到接警机关明确答复才可挂机,并立即回到现场等候救援及接受调查处理等。

三、抢救伤者

当事人确认受伤者的伤情后,能采取紧急抢救措施的,应尽最大努力抢救,包括采取止血、包扎、固定、搬运和心肺复苏等,并设法送就近的医院抢救治疗。对于现场散落的物品应妥善保护,注意防盗防抢。

四、保护现场

保护现场的原始状态,包括其中的车辆、人员、牲畜和遗留的痕迹、散落物不随意挪动位置。当事人在交通警察到来之前可以用绳索等设置保护警戒线,防止无关人员、车辆等进入,避免现场遭受人为或自然条件的破坏。为抢救伤者,必须移动现场肇事车辆、伤者等,应在其原始位置做好标记,不得故意破坏、伪造现场。

五、做好防火防爆措施

事故当事人还应做好防火防爆措施。首先应关掉车辆的引擎,消除其他可以引起灾警的隐患。不要在事故现场吸烟,以防引燃易燃易爆物品。载有危险物品的车辆发生事故时,要及时将危险物品的化学特性,如是否有毒、易燃易爆、腐蚀性及装载量、泄漏量等情况通知警方及消防人员,以便采取防范措施。

六、协助现场调查取证

在交通警察勘察现场和调查取证时,当事人必须如实向交警部门陈述交通事故发生的经过,不得隐瞒交通事故的真实情况。

造成人身伤亡的交通事故的处理

《中华人民共和国道路交通安全法》中第七十条第一款规定,造成人身伤亡的,车辆驾驶人应当立即抢救受伤人员,并迅速报告执勤的交通警察或者公安机关交通管理部门。因抢救受伤人员变动现场的,应当标明位置。乘车人、过往车辆驾驶人、过往行人应当予以协助。

也就是说,司机发生交通事故造成人员受伤或者死亡的,必须报警(拨打报警电话122,急救电话120、999),保护现场。如果事故发生地确属偏远或者找不到电话报警,受伤人员必须立即治疗,同时又找不到其他车辆协助运送的情况,当事人可以利用发生事故的车辆送伤者到医院救治,但在移动现场前,必须将因移动现场后无法确定的车辆、人员倒地位置等进行标画,或当事人可以利用石块、砖头、白灰等物品在地面进行明显标示。

《中华人民共和国道路交通安全法》中第七十一条规定,车辆发生交通事故后逃逸的,事故现场目击人员和其他知情人员应当向公安机关交通管理部门或者交通警察举报。举报属实的,公安机关交通管理部门应当给予奖励。

交通事故调解程序如何进行

当事人在进行交通事故损害赔偿的时候,需要清楚了解交通肇事损害赔偿调解需经历哪些程序以及肇事赔偿的程序。

一、交通肇事损害赔偿调解需经历的程序

1. 介绍交通事故的基本情况。

2. 宣读交通事故认定书。

3. 分析当事人过错导致交通事故的客观事实,对其进行教育。

4. 根据交通事故认定书认定的当事人责任以及《中华人民共和国道路交通安全法》第七十六条的规定,确定当事人承担的损害赔偿责任。

5. 计算人身损害赔偿和财产损失总额,划分各当事人分担的数额。造成人身损害的,按照《最高人民法院关于审理人身损害赔偿案件适用法律若干问题的解释》规定的赔偿项目和标准计算。修复费用、折价赔偿费用按照实际价值计算,当事人对实际价值有争议的,由当事人委托具有资格的评估机构进行财产损失评估。

6. 确定赔偿方式。对交通意外事故造成损害的,按公平、合理、自愿的原则进行调解。

二、交通肇事赔偿程序

1. 管辖权争议

事故管辖权争议报请共同的上级公安机关,上级公安部门应在 24 小时内作出决定并通知各方。

2. 事后报警证据提交

当事人未在事故现场报警,事后请求交管部门处理的事故证据从提出请求之日起 10 天内提交。

3. 检验鉴定

需要对当事人生理、精神、尸体、车速等检验鉴定的应在勘验现场结束之日起 5 日内指派专业鉴定部门检验鉴定。

检验鉴定时间应在 20 日内完成,需延期的由设区市公安交通部门批准可延长 10 日,超限的报省级公安交通部门批准。

公安交通部门得到检验鉴定结果后,应当在 2 日内将结论复印件交当事人。

当事人对检验鉴定结论有异议的在接到检验鉴定结论后 3 日内另行委托其他具有资质的机构重新检验鉴定并告之公安交通部门。

4. 事故责任认定书

自勘查检验现场之日起 10 日内作出。

事故发生后逃逸的,自查获逃逸人或车辆之日起 10 日内作出,不能查获的从当事人提出申请之日 10 日内作出。

对需要检验鉴定的从检验鉴定结果确定之日起 5 日内作出。

5. 事故调解

事故当事人双方一致同意申请公安交通部门进行事故调解的自接到事故责任认定书之日起,10 日内提出书面申请。公安交通部门事故损害赔偿调解期限为 10 日。

死亡从办完丧事之日,受伤从治疗终结之日,伤残的从定残之日算起,造成财产损失从定损之日起 10 日。

6. 事故诉讼

对人身伤害提起诉讼从知道应当知道之日起 1 年,民事诉讼一般的诉讼时效为 2 年。

人民法院应当在立案之日起 5 日内将起诉状副本发送被告,被告在收到之日起 15 日内提出答辩状。

人民法院收到起诉状或者口头起诉,经审查,认为符合起诉条件的,应当在 7 日内立案,并通知当事人;认为不符合起诉条件的,应当在 7 日内裁定不予受理;原告对裁定不服的,可以提起上诉。

合议庭组成人员确定后,应当在 3 日内告知当事人,人民法院适用普通程序审理的案件,应当在 6 个月内审结;有特殊情况需要延长的,由本院院长批准,可以延长 6 个月;还需要延长的,报请上级人民法院批准。

7. 上诉案件

人民法院审理对判决的上诉案件,应当在第二审立案之日起 3 个月内审结。

人民法院审理对裁定的上诉案件,应当在第二审立案之日起30 日内作出终审裁定。

无偿搭乘车辆发生交通事故的赔偿责任

无偿搭乘是指机动车驾驶人无偿同意搭车人搭乘其机动车的行为,搭车人所搭乘的机动车是非营运车辆,乘客目的地与机动车行驶目的地仅仅是巧合或者顺路。

搭车人未经机动车驾驶人同意而搭车的,不构成无偿搭乘。而超市专为迎送顾客或者他人而运营的购物免费班车,即使无偿也不是无偿搭乘。

无偿搭乘发生事故,虽然搭乘者双方不存在合同关系,但驾驶人也应当承担赔偿责任。

法律依据如下:

《民法通则》第一百零六条第二款规定,公民、法人由于过错侵害国家的、集体的财产,侵害他人财产、人身的,应当承担民事责任。

《合同法》第三百零二条规定,承运人应当对运输过程中旅客的伤亡承担赔偿责任,但伤亡是旅客自身健康原因造成的或者承运人证明伤亡是旅客故意、重大过失造成的除外。

前款规定适用于按照规定免票、持优待票或者经承运人许可搭乘的无票旅客。

《道路交通安全法》第七十六条规定,机动车发生交通事故造成人身伤亡、财产损失的,由保险公司在机动车第三者责任强制保险责任限额范围内予以赔偿;不足的部分,按照下列规定承担赔偿责任:机动车之间发生交通事故的,由有过错的一方承担责任;双方都有过错的,按照各自过错的比例分担责任。

《最高人民法院关于审理道路交通事故损害赔偿案件适用法律若干问题的解释》(征求意见稿)第二十条免费搭乘机动车发生交通事故造成搭乘人损害,被搭乘方有过错的,应当承担赔偿责任,但可以适当减轻其责任。

搭乘人有过错的,应当减轻被搭乘方的责任。

关于精神损失赔偿:《最高人民法院关于刑事附带民事诉讼范围问题的规定》第3条规定:"对于被害人因犯罪行为遭受精神损失而提起附带民事诉讼的,人民法院不予受理。"《最高人民法院关于确定民事侵权精神损害赔偿责任若干问题的解释》第十条精神损害的赔偿数额根据以下因素确定:侵权人的过错程度,法律另有规定的除外;侵害的手段、场合、行为方式等具体情节;侵权行为所造成的后果;侵权人的获利情况;侵权人承担责任的经济能力;受诉法院所在地平均生活水平。

《关于人民法院是否受理刑事案件被害人提起精神损害赔偿民事诉讼问题的批复》规定:"……对于刑事案件被害人由于被告人的犯罪行为而遭受精神损失提起的附带民事诉讼,或者在该刑事案件审结以后,被害人另行提起精神损害赔偿民事诉讼的,人民法院不予受理。"

因交通事故受伤害的无偿搭乘者如果以《民法通则》第一百零六条为法律依据请求侵权损害赔偿的,必须要能证明允许其无偿

搭乘的机动车驾驶人有过错，对事故负有责任，同时还可以主张精神损害赔偿。

如果以《合同法》第三百零二条为法律依据请求损害赔偿的，无论允许无偿搭乘的机动车驾驶人是否有过错，是否有侵权行为，均要承担赔偿责任，但不包括精神损害赔偿。

第六章　水上交通安全

我国的水路交通发展

水路,顾名思义,就是在水上的路。在我国东部季风区,由于气候与地形的影响,具有众多的河流与湖泊,并且非常多的河流具备通航能力,从而形成必要的水路通道。就目前来说,我国水路主要的航道有:长江航道、珠江航道、京杭运河航道和松花江航道等。

我国的长江航道是中国通航里程最长的河流,通航里程长达70000千米,成为国内河运输中的大动脉,也被人们称之为"黄金水道"。这种便利的水路条件,对沿江外向型经济的发展起到了促进作用,并且在"十五"期间,整个中国的水路交通,逐渐发生五个重点变化。

第一,缓解港口能力紧张的局面。对于水陆交通,我国一直处在不断发展与进步的过程中,直到近几年,我们的沿海港口基础设施的建设明显加快,并且海港口群初具规模。

第二,内河航运取得突破性进展。完成了内河船型的标准化,

特别是长江航运增长迅速飞快,已然成为世界上运量最大、最为繁忙的通航内河,也由此进入黄金发展时期。

第三,水运结构和船舶运力规模得到合理调整,使船舶结构逐渐优化。

第四,运输适应能力明显增强。货物周转量和水路货运量持续增长,其中近六成的货物周转量都是水运实现的,而且还占有九成以上外贸货运量。

第五,海事、公安、救助等水运支持系统保障能力得到了全面提高。初步建立起海空立体搜救体系,并同时推进船舶分道通航制与航行定线制,在安全监管能力方面也做到了全面提高。

中国对外贸易的快速增长,远洋运输船队的逐渐壮大,使我国和世界各国、各地区联系的更为紧密,水路交通的重要地位与基础性作用在经济发展上越来越大,它很好地支撑着和保障了中国国民经济与对外贸易持续健康飞速发展。

同学们应该了解的一些重要航线:我国沿海各港口东行到日本,再经日本横渡太平洋到美洲各国的航线成为东行航线;由沿海各港南行至东南亚、澳大利亚等地的航线成为南行航线;由沿海各港南行到新加坡,折向西穿越马六甲海峡进入印度洋、红海到达阿拉伯各国,再过苏伊士运河、地中海,出直布罗陀海峡进入大西洋,或绕好望角进入大西洋,可到达非洲、欧洲各国的航线称之为西行航线;由沿海各港口北行到朝鲜、韩国和俄罗斯东部沿海各港口的航线称之为北行航线。这些航线都起着举足轻重的作用。

每到"十一"黄金周,不管是道路旅游客运还是水路旅游客运,都正值高峰期,在这段期间,交通主管部门都加强对道路、水路客运市场的管理,以此来维护好市场的正常秩序,并保证出行人员的生命财产安全。

沿海航线是我国海运的主要部分,它承担了60%以上的客货运任务。我国重要的港口有:秦皇岛、天津、烟台、青岛、宁波、连云港等。而我国的南方航区,则以广州为中心,主要海港有:湛江、汕头、厦门和海口。

这两个航区不光在地域位置上存在着差异,同时它们承担的货运任务也存在着区别。我国北方的航区是中国能源、木材、钢材、粮食的重要运输线,南方航区的货运构成则是以农产品为主,并且北方航区的货运量要比南方航区大很多。

安全乘船,平安出行

我国水域辽阔,同学们外出旅行、拜访亲友,会遇到很多乘船的机会,当船在水中航行之时,本身就存在着遇到风浪等危险的概率,因此在乘船之时,同学们应该重视安全问题。可以说,由于船在水上行驶,受自然条件限制较多,而自然条件又是复杂多变的,恶劣的天气引起的飓风大浪,可以造成翻船、沉船事故或触礁撞船事故。在所有交通工具中,船的事故发生率是很高的,同学们在乘船外出旅行时要事先了解一些坐船的安全常识,以备不测。

在旅途中,如果船只突然遇到暴风或触礁等意外情况,航行中的船只远离陆地时,所有旅客需要结合成一个临时的集体。这时旅客要沉着冷静,绝对服从指挥。由于灾难到来的十分突然,经常

使我们措手不及，缺乏必要的准备。因此同学们首先应该沉着镇静的应对困难，绝不可惊慌失措，只有这样才能保证船上施救措施的正常进行。对于船内负责人的指挥，应该听从，要采取统一的行动，绝对不可自作主张。

在航行中无论是发生碰撞、火灾或颠覆事故，船务人员都会全力加以救护。为了保证船只和旅客的安全，在救护措施无效后，可能会实行弃船，也就是放弃船只，人员撤离。弃船命令，当然只能由船长发布，在命令弃船时，船只负责人会指挥旅客登上救生艇，这时旅客要抓紧时间，尽快穿好衣服，特别是在海轮上时更要多穿衣服，为了防止落水时身体保温，也需要带好食物或饮水，以防海上漂泊时间过久之需。如弃船时情况紧急，不能顾及衣服和食物之类，以逃生为要。如果没有办法登上救生艇，则要尽快跳下水，避开沉船或火灾。跳水时不要慌张，要避开水上漂浮的硬物，更主要的是，要观察船只的情况，如果船只正在下沉，千万不要在倾倒侧落水，否则将会被船体压到水下而难以逃生。

在整个失事过程中会游泳的要照顾不会水的，不要只顾自己逃生。船上有救生衣时要迅速穿好，以防万一。如果没有救生衣，则应以船身或其他能浮动的物体作为救生器材，死抓不放。如果船只翻沉，不要和其他人挤在一起，应该从容有序地游向岸边，或注意保持体力，等候他人的救援。

如果船体尾部先下沉，同学们要逃到船头处下水，才能保证安全。如果发生了火灾，则要在上风一侧逃生跳下水。在落水之后，应尽快游远，防止沉船形成的旋涡将人吸到水下。落水者应该尽量抓住一些漂浮物体来支撑身体，如果穿着救生衣，则需要保持平稳,不要盲目的游动,并尽量让救护人员发现自己。对于带着儿童的落水者,应该让孩子保持镇静,不让其胡乱挣扎,尽可能抓住漂浮物让儿童抱住,家长抱住儿童,使其温暖并同时浮在水面上,设法尽快获救。

如果事故发生在白天,需要向过往船只发出求救信号,可以采用摇动色彩鲜艳物品的方法。在夜间,可吹响救生衣上的口哨,和共同落水者保持联系。在夜间落水后,为了避免远离出事地点而失去获救的机会,同学们不要盲目的游动,如果看到海上有光,则表示那里有船只或礁岛,可向其靠拢以求得救援。

虽然航行的船只主要的不安全因素是客观的,但作为旅客主观上要了解一些乘坐船只的安全防护知识,预防可能出现的危险。

一位姓赵的女士讲述了自己第一次乘船的经历。她说:"有一年,我到三峡旅游,第一次乘船,非常兴奋,我与同行的几个人站在甲板上高兴得又蹦又跳。这时另一艘船远远地开过来了,我们几个无聊,就将自己的外衣脱下来,又晃又跳希望引起那艘船的注意。刚开始,那艘船上的人根本不搭理我们,但是过了一会儿,有几个人上了甲板,又过了一会儿,竟然有人拿起了旗子冲着我们挥舞。我们看到有人打招呼,都十分兴奋,将手上的衣服摇晃的更加起劲儿了。我们哪里知道,我们正在给大家添麻烦!两分钟后,几个船员冲上了甲板,一把夺过我们手上的衣服。几个人被吓了一跳,当场愣住了。原来,我们几个人只顾高兴在甲板上拿着衣服乱挥舞,另外一条船以为我们遇上了麻烦,在用旗语求救呢。"

可见,文明乘船是每个乘客应尽的义务。不文明乘船不仅给自己带来麻烦,还会影响船只的安全运行。为了使同学们在乘船

时成为文明乘客,特提出以下几点建议。

第一,要选择乘坐安全系数较高的客(渡)船舶,不要乘坐农用(自用)船、渔船、小快艇等非法船舶。为了保证航运安全,凡符合安全要求的船只,有关管理部门都发有安全合格证书。乘船事故的主要原因是超载和缺乏救护设施,因此不要搭乘船吃水线明显低于水位或乘客拥挤的超载船只,不要坐缺乏救护设施、无证经营的小船。那些破旧老化的船只、严重超载的船只,在小河上也可能造成惨重的运行事故,更不用说是在汪洋的大海之上。

第二,一定要文明乘船,遵守搭乘船舶的秩序。同学们要持票排队上船,对号入座或铺位。一般船上的扶梯较陡,走道较窄,年轻人或男士应留意照顾女士、老人、儿童和残疾人。不仅自己不夹带危险物品上船,还应主动配合船务人员做好对危险物品的查堵工作。若发现有人将危险物品带上船,应督促其交给管理人员作妥善处理。

上下船舶要听从船上工作人员的安排,一定要等船靠稳,待工作人员安置好上下船的跳板后再行动。为了避免发生意外落水事故,上船后,同学们不要随意走动,不要在船上追逐嬉闹和攀爬栏杆,更不要坐在栏杆等危险区域;不要随意触摸船上的各种开关和设施;摄影时,不要紧靠船边,也不要站在甲板边缘向下看波浪,以防眩晕或失足落水;观景时切莫一窝蜂地拥向船的一侧,以防引起船体倾斜,发生意外;客舱内严禁卧床吸烟,严禁违章用火,勿过量饮酒,如发现有影响旅客和船舶安全的情况,应及时向船舶负责人报告。船在航行时,白天不要在甲板上舞动花衣服和手绢,晚上不要拿手电筒乱照,避免被其他船只误认为旗语或信号引起误会或使驾驶员产生错觉而发生危险。

　　第三，当天气情况恶劣时，如遇大风、大浪、浓雾等，同学们应该尽量避免乘船。一旦发生了意外，要保持冷静，听从有关人员指挥，穿好船上配备的救生衣，不要慌张，更不要乱跑，以免影响客船的稳定性和抗风浪能力。若在航行途中遇到大雾、大风等恶劣天气临时停泊时，要静心等待，不要让船员冒险开航，以免发生事故。

　　综上所述，同学们必须掌握必要的水上交通安全知识，自觉地遵守水上交通法规，学会自我保护。

海上逃生和生存的技巧

　　在海上遇难，首先你要清楚的是此时你不是一个人，你要把自己放在一个大环境中，和所有遇险人员心往一处想，劲往一处使，并且还要共同建立求生的信心，做到彼此鼓励，在面对救生设备，如救生艇、求生筏时，不要争抢，必须要听从指挥，按秩序上救生艇或求生筏，同时还要有坚定的信心："我一定能够活着回去！"在救生艇上要防止落入水中，尤其是在水温较低时，如果在一段时间内没有等到救援也不要贸然跳水，尽量待在救生艇上继续等待救助。

　　在等待救援的过程中，要想尽办法，通过一切手段将自己遇险的具体情况告知他人，包括出事的地点、时间、遇险性质和所需要的帮助等。报警求救信号可以通过卫星通信系统和应急示位标等发送出去，也能够用移动电话直接拨打水上遇险报警电话，电话为"区号加上12395"。

其实,在海上遇险和在沙漠中遇险,这两者几乎相同,都会面临渴死的危险。只是遇险者在精神上面承受的折磨会不一样,一个是极为干燥,一个是身陷水中。在海中求生的人一定要进行两种斗争:第一个就是和危险的自然环境作斗争,第二个就是一定不要让自己喝海水。由于海水是咸的,所以喝海水着实是一件"饮鸩止渴"的做法。海上遇险者都会因为口渴,最先用海水漱口,然后逐渐小口喝起来,最终经受不了海水的诱惑而死亡。

有很多同学不明白为什么喝海水是非常危险的做法,接下来就详细给同学们讲解一下。海水是咸的这是人人都知道的事情,它之所以咸是因为海水中含有盐,其主要的化学成分是氯化钠。可是对人体而言,只需少量的盐就可以了,如盐过量就会造成那些吸收的不了的盐由肾脏以尿的形式排出,而肾脏为排出这些盐需要半升水,此时人体中各个地方所需要的水分也会逐渐得到补充。而喝了海水的人,不但得不到补充人体组织中所需要的水分,就连原本身体中的水也会被喝入的海水中的盐所吸走,最后发生盐中毒的现象。如果你的肾脏出现了盐饱和的状态,那么就证明此时你已经极度危险了。

那么接下来就是一个非常重要问题了,怎样才能找到能喝的水呢?如果没有淡水喝,人是不能够生存的。茫茫大海,怎么才能找到淡水呢?这时候同学们可以想一想,在身边全是海水的情况下,想要在海上找到淡水来维持生命,那就是天下雨时收集雨水。每当你发现将要下雨的预兆时,就要做好接水的准备,对于可以接水的容器,最好要清洗干净一些,以防出现中毒现象。如果天不下雨,实在没有办法时,也可以在海鸟和鱼的身上挤出淡水。

　　觅食充饥是在海上避难的又一重要问题。事实上,大海可以给你提供非常丰富的食物,如鱼、浮游生物、龟、海鸟和海藻等。但是如果你想要得到这些食物,光是徒手捕捉是不行的,一定要想办法制作鱼网、鱼钩等工具,还要懂得识别出哪种鱼是能吃的,哪种鱼是有毒的,千万不要因为误吃毒鱼而让自己和死神牵手。要记住:一般毒鱼都是面目可憎,长得很吓人,它们的嘴很小,眼睛下陷,身体呈圆形或方形,鱼鳞坚硬,鱼鳃发黏,鱼皮松软发白,并且它们的味道也十分难闻,这种鱼千万不要吃。

　　在海上生存还要注意一个重要的问题,就是防止日晒,特别是在赤道地区。要想方设法找东西顶在脑袋上,身上最好要穿衣服,实在没有衣服找一些其他替代品也可以,否则强烈的日照一定会灼伤皮肤。

　　以上说的都是在没有其他干扰下如何让自己生存下来的方法,如果你自己保护得很好,但是遇到凶险的动物,如鲨鱼袭击你该怎么办呢? 没有这方面的保护意识也是不行的。大家都知道,鲨鱼是一种体形非常巨大的动物,它们非常凶残可怕,甚至可以吞进一艘小船。在面对它时,没有胆量是不行的。但是为了生存下去,必须要克服惧怕的心理。一般情况下,大多数的鲨鱼都是无害的,只有那些近海的鲨鱼往往是最危险的。经过研究表明,鲨鱼有最先攻击人身上的暴露部分的特点。研究者也认为,鲨鱼是非常讨厌橙黄色的,所以遇险者在海上时一定要先将这种颜色的东西隐藏起来,或是直接丢掉。在面对鲨鱼时一定不要示弱,相反,要大胆地向它挑衅,如用手脚击水、大声呼喊等。曾经有一个坠落大海的飞行员,在海上逃生时就用这种方法与鲨鱼相持了长达40多

个小时。

接下来的问题是学会怎样发出求救信号,对于海上求救的有效方法很多,如:利用反射镜进行反射,这种反射镜大多都是遇险者自己制作的,要根据身边所遗留下来的物件决定,也可以向海水中投放染料,在晚上燃烧衣物等。

那些在海上漂泊数十天并且安全活下来的海上遇险者,用他们实际的经验告诉我们,想要在海上脱险,一定要具备坚强的意志和与困难作斗争的决心,也只有这样,遇险的人才能将自己无穷的智慧在短时间内激发出来,从而战胜重重困难。

1908年,国际无线电报公约组织正式将"SOS"确定为国际通用海难求救信号。在我国,为了解决海上遇险求救电话号码的不统一情况,也为了提高海上搜救的速度,在2000年相继开通了全国统一的水上遇险求救电话:12395。这大大便利了海上遇险人员的求助。

第七章　快速的空中交通

空中交通的形成与发展

说起空中交通的形成,不得不先说一说最早升入高空的工具——热气球。早在 18 世纪时,法国的造纸商蒙哥菲尔兄弟,受到碎纸屑在火炉中会不断升起的启发,将纸袋聚热气来做实验,纸袋就可以随着气流而逐渐上升。蒙哥菲尔兄弟将此项发现做公开表演时是 1783 年的 6 月 4 日,地点是里昂安诺内广场。当时做的是一个圆周约为 33.5 米的模拟气球,气球腾空升起,在天空飞行了2414 米。

在同一年的 3 个月后,也就是 9 月 19 日,蒙哥菲尔兄弟为国王、王后、大臣和 13 万巴黎市民,又表演了一次热气球升空,当时地点是在巴黎凡尔赛宫前。之后,在 11 月 21 日下午,蒙哥菲尔兄弟又将表演升了级,进行了历史上第一次载人空中飞行,地点是在巴黎穆埃特堡。此次飞行时间长达 25 分钟,是历史上非常重大的飞行突破,并且这次载人飞行比后来的莱特兄弟发明的飞机飞行早

了 120 年的时间。

在第二次世界大战后，由于科技的发展，一些高新技术的出现，使球皮材料和可以供应气球飞起的致热燃料逐渐得到普及，那时候的热气球就成为并不受地点约束、同时操作起来也非常方便简单的公众体育项目。

在我国出现的最早的热气球，要追溯到 1982 年，是美国人带到中国的，然后热气球在中国逐渐引起了社会各界的广泛关注。它不光是一种新兴的体育项目，也可以在航空拍摄、观光旅游、休闲娱乐和广告宣传等领域发生着独有的功能。随着社会的飞速发展，热气球的行业管理、研制生产等都已经进入了规模化与规范化。

热气球开启了空中交通的诞生，1903 年，莱特兄弟发明制造出了第一架依靠自身动力进行载人飞行的飞机，名字为"飞行者 1 号"，并且成功试飞。在这之前，也就是 1900~1902 年，他们进行了多达 1000 多次滑翔试飞。在 1909 年，他们获得美国国会荣誉奖。此次飞机的发明，为空中交通的形成奠定了坚实的基础。

当飞机被发明出来以后，为了使人们的出行得到更好的满足，本着普遍受益的需求，开始兴建机场。但是对于当时来说，兴建机场是一件很艰难的事情，不是所有飞机所到之处都能兴建机场，之后就研发出了不需要跑道的可以进行垂直起落的飞行器，就是直升机。直到后来飞机被人们规范起来，逐渐建立了空中管理机制。20 世纪 20 年代，飞机开始载运乘客，在第二次世界大战结束的初期，美国最先开始把当时战争时的运输机改装为载客飞机，也就是"客机"。从此，空中交通走进了人类的正常生活，为人类的出行提供了便利。

现在,飞机已经成为现代社会中不可或缺的运载工具,它深刻影响和改变着人类的生活。拥有了飞机,各个国家的人们联系得更加紧密,而整个地球也由于飞机的存在而变得不再那么遥远。

16 世纪,人类第一次进行环球旅行,葡萄牙人麦哲伦用了长达 3 年的时间,率领一支船队从西班牙出发,穿越大西洋和太平洋,围着地球绕了一周。之后,19 世纪末法国人利用火车进行了一次环球旅行,那时用了 43 天的时间完成。到了 1949 年人们又利用飞机进行了一次环球旅行,那是一架 B – 50 型的轰炸机,在实施环球时轰炸机经过 4 次非常漂亮的空中加油,只用了 94 个小时就完成了全球旅行。之后,超音速飞机问世,在 1979 年,英国人普斯贝特只用了 14 个小时零 6 分钟就环绕地球一周。

飞机安全飞行的保障

在浩瀚广阔的天空中,飞机不可以完全不受约束地想飞到哪就飞到哪、肆意的游荡。这样会发生空中交通混乱,导致机毁人亡。事实上飞机的空中航行和车辆在地面上飞驰是一样的,都需要交通管制。

空中交通管制是空中交通管理的一项重要措施。空中交通管制就是利用技术手段对飞行进行监视和控制,来确保飞机能够安全有秩序的飞行。它可以利用通信、导航技术与监控手段来对飞机进行控制和监督,以保证飞行安全为前提,提高飞机安全系数。

其实在空中,有一条我们并看不到的道,就是飞行航线,和地面上的道路存在的意义是一样的,飞机要按照规定的线路飞行才能到达目的地。而飞行航线的空域也会划分出不同的管理空域,这其中包括航路、进近管理区、塔台管理区、飞行情报管理区和等待空域管理区等,每个区域都会专门设立不同的雷达设备,从而在管理空域内对其进行间隔划分,再由导航设备、雷达系统、通信设备、二次雷达和地面控制中心等共同组成空中交通管理系统,从而完成识别、监视、导引覆盖区域内的飞机。

在贵阳市曾连续发生两起由于气球而影响飞机正常飞行的事故,并险些出现险情。在 2004 年 10 月 1 日上午将近 12 点的时候,机场的机务人员正在对飞机进行检查维护,这时突然发现,在贵阳机场上空飘着一个大气球,气球为红色,所以比较显眼。这时工作人员立刻和机场塔台联系并报告此事,整个空中交通管理便及时进入"特别管制"状态。为了飞机能够进行安全飞行,机场的保障部场务科则以最快的速度巡场,终于在机场跑道东北角的围墙外找到了这个红色气球。后来经过工作人员的测量,这个红色大气球的直径有 2 米。

就在这件事情发生的前两天,也就是 2004 年 9 月 29 日下午,大约在下午 2 点时一架从成都飞往深圳的飞机在经过贵阳上空时,也同样发现了一个红色大气球在空中漂浮着,这时候飞机距离地面有 9000 米。这个大红气球下方还悬挂着一条横幅。

发现这个大气球后,这次航班被迫紧急避让,当时的情形非常危险,在距离气球很近的地方与气球擦肩而过。这件事情发生后,航班机组人员第一时间通报了正在飞行的其他机组,导致随后飞过来的十多架飞机全都采取或直飞、或改变航向、或上升、或下降等措施的避让,这场由于气球引发的危险事故就这样避免了。

同学们也许不知道,直径有 1 米以上的气球,足以让一架大型飞机坠毁,所以这真不是一件开玩笑的事情,但这也凸显了交通管理的重要性。我们国家实行的通用航空飞行管理条例有明文规定,就是气球升空管理不当会处以 10 万元罚款,如果造成了严重的后果,还会对责任人追究其刑事责任。当时贵州省有关部门,就气球升空阻碍飞机正常飞行这件事情召开紧急会议,并要求各级气象部门与气球的施放企业,一定要安全管理气球的施放,如果没有经过审批而擅自施放气球和违反技术操作规程等行为,将会被气象执法部门严肃查处。每位同学都知道,当行走在公路上时,一定要遵守交通法规,否则很容易发生交通事故。就像在过马路时,必须要看交通指示灯,绝不能擅自通过。飞机也是如此,它要想在天空中安全的飞行也必须要遵守空中交通法规,必须要受专门机构的合理指挥与调度,空中交通管制出台后,还应根据科学的发展而不断地完善,使管理机制越来越成熟,使乘客的安全得到最大的保障。

航空管理和空中管制其实就是适应飞行安全需求和航空运输发展、解决空间飞机的需要。在安全飞行的前提下,航空器飞行的限制因素也是非常多的。其中包括航空器性能的限制、气象条件的限制、不同性质的飞行任务的限制、时间的限制、地理环境的限制、地面保障设施的限制等。以下就针对这些限制因素做详细解释。

航空器性能的限制:飞机由于型号的不同,就会出现不同的商

务载重、起降条件、巡航时速等。早在 20 世纪 50 年代之前,那时候的客机是不能够飞往西藏高原的,但是现在则有很多类型的飞机都能够在高原机场起降。

时间的限制:在飞机航行的时候,不光要考虑飞机在天空会不会与危险物接近或相撞,也要考虑空间水平方向与垂直方向是不是都保持着高度差和距离,在这些情况都保证的情况下,还必须要考虑时间上的合理调配,从而拉开时间间隔。

气象条件的限制:因为气候具有变化多端的特点,人们无法判定什么时候刮风,什么时候下雨等。甚至有时候还会出现自然灾害,如龙卷风、暴风雪等。所以不同型号的航空器有不同的飞行气象标准,想要飞机能够随时克服各种恶劣气候,现在的科学技术是做不到的。

地理环境的限制:以安全的角度来说,最主要考虑的就是地形,如过山峰重叠与高压电塔这种突出物,肯定会对飞行有直接的影响,除此以外,重要城市市区、军事要地空域也是坚决不可以飞入,这些地方也叫"空中禁区"。

不同性质的飞行任务的限制:不同型号的飞机有不同的最佳飞行高度层,如运输机的要求就是必须要在相对固定的高度层飞行,而农业飞机喷洒农药时要求在低空飞行,并且飞得越低喷洒的效果就越好。

地面保障设施的限制:想要安全顺利的完成飞行任务,离不开地面保障设施,其中地面保障设施又包括通信和导航、航行指挥、雷达、气象、搜索与救援等,倘若这些设备不完备或是出现了故障,也一定会对飞机的飞行造成众多限制。就是因为有了这么多的限制,才保证了人们在乘坐飞机时的安全。

飞机为人们出行带来的利弊

飞机已经成为现代人不可或缺的交通工具,飞机的使用早已得到普及,作为学生来说,大部分都只是对飞机有个表面化的了解,并没有过深入的了解。目前,我们经常使用的飞机,也就是各航空公司所使用的都是喷气式民航飞机,它的时速可以达到每小时 500~1000 千米,并且可以连续航程 10000 多千米,所以说飞机是世界上最快的交通工具之一。一般情况下,如果乘火车需要 30 多个小时,飞机只需要 3 个小时。相对于船舶来说,飞机要比它快 20~30 倍,对于汽车来说,飞机要比它快 7~15 倍,而对于火车来说,则要快 5~10 倍,这么大的差距,足以证明飞机存在的必要,它给人们带来的交通便利,是其他交通工具没有办法比拟的。现在社会竞争激烈,时间就是金钱,可以将时间节约下来的人,往往能够创造出更多的价值。

飞机一般都在 10000 米的高空飞行,在这个高度会飞行的比较平稳,因为它不会受低空气流影响,再加上飞机的速度非常快,缩短了航程的时间,乘客也节省了体力。乘坐过火车的人都知道,如果路程比较远的话,当你下了火车时是非常疲惫的。但是飞机就不一样了,乘坐飞机时与在地面上的差别并不大,并且飞机上有良好的环境,宽大的座位,噪声很低,行程的时间很短,这些都能够让乘客的精神处在较为轻松的状态中。

相关数据表明,航空运输的安全性是要高于铁路、海运运输的,当然,会更加高于公路运输。这和人们固有的安全思想存在着差异,很多人都认为飞机才是最危险的交通工具,因为脚离开地面会让人感到没有安全感,但事实却并不是这样的。根据国际民航组织的统计,1966 年是世界民航定期班机失事最多的一年,平均每亿客千米死亡 0.44 人,近些年来下降至 0.04 人。不过现在航空技术发展非常快,同时维修技术和空中管制设施也在不断地改进,所以飞机每亿客千米失事率还在逐年降低。但是地面交通的不安全因素相反,事故发生率逐渐上升。有相关资料统计,在我国每天死于公路交通事故的人员,相当于每天掉下一架波音飞机,这个数字让人惊愕。

对于想要乘坐飞机的人,在了解了飞机相关知识以后,还要做一些准备工作,这样心中就会更加有数了,同时还能增强自信心,把不安全感尽量扫除。

飞机就像公交一样,有各种机型的差别,首先乘坐者要先通过航空公司、机票代售处或是旅行社来选择您比较喜欢的航班和机种。通常情况下想要乘坐的舒适度高一些,就一定要选择先进的机型,因为机型越是先进乘坐时就越舒适。在航班选择上,如果时间允许的话最好选择白天的航班,但是有些地方当天或几天就只有一个航班,那么在这种情况下就没有选择的余地了。

为了安全起见,乘客还要还要注意了解的四个方面:

第一,安全第一。在登机之前必须要有身份证和有效客票等有效证件,才可以换取登机牌,让机务人员确认乘客身份,这样冒名顶替的现象就杜绝了。

第二,有利于方便乘客。在乘客办理登机手续时,乘客所要携带的行李物品将通过行李通道让工作人员装上飞机,这样就减轻了乘客们的负担。乘客只需要携带登机牌,到机舱内找到自己的位置即可。

第三,尽量提高效率,缩短飞机在机场等待的时间。可以想象,倘若乘客手持机票,还拖着大小行李就直接去登机,速度肯定会非常慢,并且现场也会十分混乱,这样很延误时间,并且那么多行李也没有地方摆放,不利于飞机的安全飞行。

第四,一定要系好安全带。在一架飞往美国的东方航空公司的 MD—11 飞机途经太平洋上空时,由于遭遇到强烈的气流,再加上操作不合理出现了剧烈颠簸,就在这短短的时间内,机舱里没有系好安全带的乘客全都被颠簸得飞离了座位,不是被摔伤就是被撞伤,但是那些系着安全带的日本乘客都没有事。

这个例子就告诉我们,当飞机上显示了要系好安全带的信息时,一定要及时实施。否则很有可能会造成不必要的事故。同时,在飞机起飞的时候乘客也必须要系好安全带,其目的就是为了保护好乘客的人身安全。由于飞机在起飞时速度会很快,并且在上升过程中与地面形成一个很大的角度,同时还为了防止因低空云、风、驾驶员的操作等原因而导致的颠簸、侧斜、抖动等不安全因素,所以此时乘客必须要系好安全带。同理,当飞机遇扰动气流或在空中穿越云层、飞机在下降着陆时等,也都要把安全带系好。

也正是因为会遇的突发情况、不确定因素等较多,所以飞机的正点率,没有汽车、火车的高,总是出现航班延误的情况。但如果全面看待问题,认真地统计、估算,其实如今道路的拥堵情况和铁路运输紧张的情况,导致汽车、火车晚点是屡见不鲜的,尤其是大城市更为严重。人们乘坐汽车与火车的频率较大,尤其是汽车,几乎每天都要乘坐,所以遇到了堵车现象总是被人们无奈的忽略掉了,但是飞机,相对而言就让人更加印象深刻。如果想要彻底解决航班不正常的现象,不是一件容易的事情,并且要花费很长的时间,因为很多客观原因都不以人的意志为转移。它涉及如安全检查、天气、流量控制、运输服务、工程机务、来程晚到、飞机周转、航材保障、油料供应、机场设施等多个方面,其中流量控制、机械故障、天气和运力调配这四个因素最为常见。接下来就分别介绍这四个因素。

第一,流量控制因素。关于流量的问题,可以说是既主观又客观,如果从主观这方面来看,这时就要采取临时加班、包机飞行等。

第二,机械故障原因。如航材供应不及时、某些航空公司航班安排得太满、机务维修人员工作出现失误等影响航班正常飞行。

第三,天气原因。天气是影响航班正常飞行的最大的因素,倘若是地面导航设备出现跟不上的情况,就一定会延误大量的航班,所以,想要降低天气原因而影响航班正常的办法,则需要增加投资,有计划地解决气象自动观测设备、盲降设备、校验飞机、自动切换电源以及机场的其他配套条件问题。

第四,运力调配原因。造成这个问题的主要原因是,航空公司在安排航班计划时并没有留足备份运力,导致航班不正常。

文明乘坐飞机

人们需要经常乘飞机出差、开会、旅行，但由于乘坐飞机的特殊性，决定了乘坐飞机的规则也比较特殊。

一般来说，乘飞机要注意的事项包括以下三方面：一是登机前候机过程的安全；二是登上飞机后在机舱内的安全；三是到达目的地下飞机出机场的安全。

登机前需要同学们注意以下几点：

1. 提前去机场。这是乘坐飞机的基本要求。一般来说，国内航班要求提前半小时到达，国际航班需要提前一小时到达，以便托运行李、检查机票、确认身份、安全检查。遇到雨、雪、雾等特殊天气，应该提前与机场或航空公司取得联系，确认航班的起落时间。

携带的行李要符合飞机的安全要求，上机时不得违规携带有碍飞行安全的物品。行李要尽可能轻便。手提行李一般不要超重、超大，其他行李要托运。在国际航班上，对行李的重量有严格限制，一般为 20~40 千克（不同票价座位等级有不同的规定）。如果行李超重，要按一定的比价收费。对于乘客所携带的液体物品的数量，航空公司有严格的限制。当需要携带过多的饮料、酒等物品时，请提前与相关部门确认。

任何乘客均不得携带枪支、弹药、刀具以及其他武器，不得携带一切易燃、易爆、剧毒、放射性物质等危险物品。应将金属的物品装在托运行李中。在机场，旅客可以使用行李车来运送行李。

在使用行李车时要注意爱护,不要损坏。在座位上候机时,行李车不要横放在通道内,避免影响其他旅客通行。

2.乘飞机要切记安全第一,不要拒绝安全检查,更不能为了方便而从安全检查门以外的其他途径登机。乘客应主动配合安检人员的工作,将有效证件(身份证、护照等)、机票、登记卡交安检人员查验。

放行后,通过安检门时,需要将电话、钥匙等金属物品放入指定位置,手提行李放入传送带。当遇到安检人员对自己所携带的物品产生质疑时,应该表示理解,并积极配合。如果携带有违禁物品,要妥善处理,不应该扰乱机场秩序。通过安检门后,乘客应该将有效证件、机票保存好,防止遗失,只需持登记卡进入候机室等待即可。

3.乘坐飞机前要领取登记卡。大多数航班都是在登记行李时由工作人员为你选择座位卡。登记卡要在候机室和登机时出示。如果你没有提前购买机票或未定到座位,需在大厅的机票柜台买票登记。现在的电子客票基本是用有效的证件,到机场可以自助办理登机牌。但是,在有些小城市机票还需要人工办理。在旅客换完登机牌后,一定要注意看登机牌的具体登机时间。如果航班有所延误,需要听从工作人员的指挥,不能乱嚷乱叫,造成秩序的混乱。

登机后需要同学们注意以下几点:

1.飞机起飞前登机后,旅客要根据飞机上座位的标号按秩序对号入座,并且应该尽快熟悉机上的环境,了解和熟悉安全通道。不要随意乱动飞机上的设备。经济舱的乘客不要由于头等舱人员稀少就抢坐到头等舱的空位上。在对号入座找到自己的座位后，将随身携带的物品放在座位头顶的行李箱内，贵重的物品需要放到座位的下面，自己看管好，不要在过道上停留太久。为了避免在飞机起飞和降落以及飞行期间出现颠簸情况，乘客要将安全带系好。

乘务员通常给旅客示范表演如何使用氧气面具和救生器具，以防意外。飞机上要遵守"禁止吸烟"的规定，同时还要禁止使用移动电话、AM/PM 收音机、便携式电脑、游戏机等电子设备。这样做是为了在飞机飞行的过程中，避免干扰飞机的系统而导致发生严重后果。

2. 飞机起飞后乘客可以看书看报，也可以跟身边的乘客打招呼或交谈，但应不影响到对方的休息，更不要隔着座位说话，不要前后座说话。与他人交谈时，说笑声切勿过高，此时不宜谈论有关劫机、撞机、坠机一类的不幸事件。也不要对飞机的性能与飞行信口开河，以免给他人增加不必要的心理压力，制造恐慌。不要盯视、窥视素不相识的乘客。当其他乘客主动打招呼或找你攀谈时，一般要礼貌友好对待，不要拒人千里之外，需要休息时，也应表示歉意，要与其他乘客互谅互让。在自己的座位上就座时，要维护自尊。不要当众脱衣、脱鞋、尤其是不要把腿、脚乱放。飞机上的座椅可以小幅度调整靠背的角度，但应考虑前后座的人，不要突然放下座椅靠背或突然推回原位。更不能跷起二郎腿摇摆颤动，这会引起他人的反感。当自己休息时，不要用身体触及他人，或是将座椅调得过低，从而有碍于人。不要在飞机上吸烟，或者乱吐东西。呕吐时，务必要使用专用的清洁袋。对待客舱服务员和机场工作

人员,要表示理解与尊重,不要蓄意滋事,或向其提出过高要求。

在飞机上进食时,要注意卫生,防止传染疾病。飞机上的饮料是不限量免费供应的,需要注意的是,要饮料的时候,只能先要一种,喝完了再要,这样做是为了防止饮料洒落。由于飞机上的卫生间有限,旅客应尽量避免狂饮饮料。在乘务员发饮料的时候,坐在外边的旅客应该主动询问里面的旅客需要什么,并帮助乘务员递进去。用餐时要将座椅复原,吃东西要轻一点。

一旦在飞行当中遇到了紧急情况,要处变不惊,听从工作人员的指挥。

在飞机停稳后和下飞机时,同学们需要做到:下飞机、提取行李、出入机舱都要讲秩序,不要争抢,不可拥挤。同学们要等飞机完全停稳后再打开行李箱,带好随身物品,按次序下飞机。飞机未停稳前,不可起立走动或拿取行李,以免摔落伤人。

在所有交通工具中,飞机是最舒适、档次最高的一种交通工具。在乘坐飞机时必须认真遵守各项乘机礼仪和注意事项。同学们要在维护乘机安全的情况下,严格要求自己,保障自己和他人的飞行安全。

空中应急预案

当然,遇到空难的系数是非常小的,但如果不幸遇到了,也千万不要过度慌张,如果想要在空难中逃生,一定要具备理智的心理以及拥有能够逃生的方法,这样才能有幸存的机会。

有的乘客在一上飞机时就开始忙着喝饮料、看电影、看报纸杂志或直接睡觉,这些都是不好的习惯。在飞机上,如果你具备安全意识,就要时刻保持警惕,特别是在飞机起飞后3分钟和降落前8分钟这两个特殊时段。经过研究表明,这两个时间段发生的空难,是所有空难中的80%。

为减少飞机坠毁一刹那给自己带来的冲击力,要采取身体前倾,把头紧贴在双膝上,双手紧抱双腿或是用双手握住双脚,而双脚则平放用力蹬地,同时必须要系紧安全带。对于携带婴儿的家长来说,要用毛毯或衣服将孩子包好然后斜抱在怀中,头靠通道内侧,然后再将婴儿抱好后俯下身,此时安全带要系在抱婴儿的家长的腹部,并把婴儿安全带系好。对于孕妇、肥胖、患有高血压和身体高大的人,则要双臂交叉,伸出双手抓任前排座椅的靠背,再将头俯下紧贴在交叉的双臂上,把双脚平放并用力蹬地。此时孕妇要注意,安全带必须要系在大腿根部。一定把这种安全姿势保持好。

除此以外,高跟鞋在避险中一定不能穿,因为它很有可能妨碍逃生,同时高跟鞋还会制造一些其他危险,如摔跤、扭脚等。

在空难发生后,要保持冷静,必须听从机务人员的指挥,不要乱喊乱叫,将恐惧情绪蔓延,也不要四处乱跑,否则会出现逃生口被堵死或是踩踏情况,那么逃生就会更加渺茫了。就算情况非常危急,也要做到有序逃生。通常在飞机起飞前,乘务人员就会给乘客讲解怎样逃生,安全出口在什么地方等,这时作为乘客,一定要注意听讲,把乘务人员的话记牢。突发紧急状况时,要从距离自己最近的安全出口处逃生,在逃生过程中要避开烟、火等。

不要就此认为飞机一坠毁就没有生存的希望了,有很多人都是在飞机坠毁后逃生的,所以要坚信自己能够活下去。在飞机坠毁以后,倘若出现烟和火,就证明乘客必须要在两分钟内进行逃离,时间非常短暂,所以要抓紧时间。倘若飞机是坠毁在陆地上,逃离的距离要在飞机残骸 200 米以外的地方。当然,也不要逃得太远,否则救援人员很难寻找到你。要是飞机坠毁在海面上,这时乘客就要尽全力游着离开飞机残骸,游得越远越好,因为坠落后的飞机残骸,很有可能会发生爆炸,但也有可能沉入水底,在飞机沉入水底时残骸会带动海水形成一个旋涡,如果你离得很近的话很容易被吸进去。

如果飞机可以紧急迫降成功,正常情况下人们可以从滑梯撤离。在撤离时的姿势应该是手轻握拳头,将双手交叉抱臂或是双臂平举,然后再从舱内跳出来。落在梯内时,双腿和后脚跟要紧贴梯面,这时手臂的姿势保持不变,最后弯腰收腹直到滑落梯底,再迅速站起跑开。对于年龄尚小的儿童、或是年纪较大的老人与孕妇,也采取同样的姿势坐滑梯下飞机。对于抱着孩子的乘客,在落梯时一定要把孩子抱在怀中,注意要抱紧,然后坐着滑梯下飞机。身体有伤残情况的乘客,就要有协助者一起坐滑梯离开。

不管是发生怎样的航空器飞行事故,都有可能对地面设施、公共安全、社会稳定、环境保护等造成不同程度的影响。这时地面人员也要采取一系列措施。

在知晓事故发生以后,必须要第一时间报告当地公安部门,并报告内容要清晰,包括事故发生的时间与地点,以及所了解到的情况等,最后将报告者的姓名与联系方式交代清楚。同时,要在确保自身安全的情况下,尽量对事故中幸存的人及时进行救助,还要注意对事故的现场进行保护。

相对于目击者来说,当你把报告及时上报以后,如果情况不允许你上前营救,就要等待专业的救援人员来,但是在这个过程中一定不要捡拾飞机残骸和空难后所遗撒在周围的物品。这不但给调查人员带来不必要的麻烦,同时还是一件不道德的事情。很多情况下,目击者都是能够帮助事故调查人员进行空难调查取证的,作为目击者来说,也有这个义务。这样不仅能够让逝者和逝者的家属得到一个合理的解释,还能够让后人前车为鉴,以后避免此类事故的发生。目击者可以通过讲述、照片和录像等资料来为调查人员进行帮助。

当然,每个人都不愿意空难发生在自己的身上,可是凡是都有个万一,逃避现实终究不是办法,人们要做的就是预知事情,并且要做到很好的预防,这样,即使真的发生空难了,也要有心理准备,并且做出相应的应对方法。

第一,不要和家人分开。当你和家人共同搭乘飞机出去旅行时,最好坐在一起,如果航空公司工作人员要把你们分开的话,在这方面可以不妥协。因为如果你们真的遇到空难了,你们坐在了机舱中的不同地方,那么在逃生的时候,家人们会本能地想要先聚到一起再共同逃生,这样一定会浪费很多时间,是非常危险的,空难不同于其他灾难,对于空难来说,时间极为宝贵,通常要精确到秒才可以,所以坐在一起能够让你们更快的逃离。

第二,学会快速又正确的解安全带。同学们一定要知道,我们在车上所系的安全带和飞机座位上的安全带是不一样的,因此,在飞机起飞之前需要学会正确地系、解安全带的方法，如果遇到了紧急事件也不至于受到不必要的伤害。如果在飞机上出现了更糟糕的空难了，在空难逃生的时候倘若你解不开安全带或是解开速度非常慢，那么逃生的时间就逐渐流逝了。

第三，清楚距离逃生口近的地方。通常情况下，空难幸存者在逃生时要走的平均距离大约为7排座位，因此，如果乘客要是能够选择在这个范围内的座位会更好一些。当然，不是每次购买机票的座位都会是你希望的位置，因为有很多客观原因的影响。但是不管你坐在哪里，都应该在落座后就数一下自己的位置距离最近的两个逃生口到底有多远，这样在黑暗中摸索出口时心里也会有数。

第四，背朝飞行方向。如果你可以选择和飞行方向相反的方向的位置是很好的，这样的位置在发生空难时相对会更加安全一些。

第五，戴上防烟头罩。倘若飞机发生了空难，并引起了火苗，那么在飞机失事的瞬间，肯定会面对大火和烟雾。飞机失事后产生的烟雾里是含有毒气体的，如果过多的吸入，能够导致中毒昏迷，吸入更多的话就能直接导致死亡。这时，为了防范这种事情的发生，乘客可以在旅行的时候准备一个防烟头罩，在出现危急情况时把它戴上。速度一定要快，要及时，为能够幸存提供机会。

第八章　交通安全事例评析

飞来的横祸

2005 年 11 月 14 日清晨 6 时左右,在山西省沁源县郭道镇的汾(阳)一屯(留)公路上发生了一起特大交通事故,沁源二中初三 121 班的 21 名师生被疾驰而来的载重卡车碾压致死,17 人身受重伤。

在事故现场,100 多米长的公路边的空地上血迹斑斑。肇事大货车刹车时在公路上留下一道长长的划痕,大约有 50 多米长,路一侧有多棵白杨树被撞断。

肇事车为晋 D13513 东风带挂车,驾驶员是黎城县东阳关镇长宁村的李孝波。当时他正准备从黎城县到沁源马军峪煤矿拉煤,拉煤车为空车,肇事司机在事故中没有受伤,事故发生后被警方刑事拘留。

大货车如此发飙

据守护在现场的交警介绍,当日早晨 5 时 40 分,沁源县第二中学组织全校初二、初三 13 个班的 900 多名学生来到汾屯公路上跑操。前面 12 个班都调头返回去了,尾随其后的初三 121 班转弯时,一辆车号为晋 D13513 的东风带挂大货车像疯了一般突然碾压过来。在一片惊呼和惨叫声中,学生们纷纷倒地。东风带挂车撞倒一大片学生后,又撞断了路边的大树,随后斜横在路上才停了下来。

事故当场造成 18 人死亡,其中班主任姜华也在此次事故中丧生。

在死亡学生中,年龄最大的 18 岁,最小的 15 岁。据同学们说,当场死亡的老师姜华是物理老师,当时他将身旁的 2 名学生推开,就在他救人后的一刹那间,车轮从他身上碾过。在沁源县中医院 4 号病房,躺在病床上的初三学生郭艳丽讲述了当时发生的情况。头部和胳膊已经受伤的她用嘶哑的声音说,跑操中,她所在的 121 班排在最后一个,刚转弯调头,突然被车撞倒她就晕过去了。等醒来一看,身边到处是尸体,吓得又晕了过去。第二次醒过来时已到了医院。

她还说,学校操场小,除了初一学生在操场跑操外,大部分学生一直在公路上跑操,经常有车横冲直撞驶来,跑操的时候提心吊胆。

在沁源二中校门口,从 30 多千米外的官滩乡活凤村赶来的魏太云眼里噙着泪花,正在焦急地打听着自己 16 岁女儿的下落。她从上午 10 时多来到郭道镇一直等到下午 4 时,也没有获得孩子的任何消息。她的孩子叫卫梅芳,从交警部门提供的一份师生死亡事故名单中查找,翻开第二页就看见有卫梅芳的名字。据悉,因为学校体育场地小或没有体育场地,学生只能在校外跑操的现象,不仅存在于沁源二中,在山西省各地市的部分学校甚至在省会太原市也同样存在。

司机疲劳驾驶酿祸端

据山西沁源县委宣传部部长杜天云介绍,"11·14"沁源特大交通事故直接原因是司机疲劳驾驶。

沁源县交警大队副队长肖葆华说,李孝波今年31岁,经常驾车来往于山西省黎城县和沁源县之间运输煤炭。11月13日晚10时,李孝波与另一人驾空车从黎城县出发,11月14日早晨6时左右酿成事故。从前一天晚10时到第二天早晨6时的8个小时当中,车辆由李孝波一人连续驾驶。

事故当天下午6时,沁源县县委副书记段怀亮出现在家长们面前。郭道镇人民法庭的审判厅临时被当作了会议室。旁听席上黑压压坐满了神情呆滞、眼睛红肿的遇难学生家长。段怀亮承诺,一要妥善安置受难学生的后事,二要追究司机的法律责任,三要追究学校的相关责任。

段怀亮说先给每个遇难学生家庭拿出1万元厚葬,并再次承诺,一定会妥善处理此事,请相信政府。

山西紧急排查类似隐患

该事故已经引起国家安全生产监督管理总局与山西省的高度关注。接到事故报告后,国家安监总局局长李毅中立即做出批示,要求山西省安监局立即派人赶赴事故现场,协助公安、交通部门处置事故,抢救伤员,调查原因并及时上报事故抢救等进展情况。据悉,公安部、教育部有关人员也已赶赴现场进行事故调查。

事故发生后，山西省委书记张宝顺、代省长于幼军当即批示，要求长治市全力抢救，尽快查明事故原因，做好善后工作，依法严肃处理责任者。

山西省政府先后派出副省长梁滨、张少琴赶赴现场。梁滨带领公安、交警、安监等有关部门组织指挥抢救和事故调查处理工作，张少琴带领省教育厅等有关部门人员督促协调当地全力做好善后事宜。

山西省教育厅对全省各级各类学校开展事故隐患大排查；城镇学生晨练尽量安排在学校内，严禁组织学生在主要街道及交通主干道锻炼。

山西省教育厅要求，师生外出集体活动，行前要加强安全教育，并要安排相关教师带队随行，全面负责学生安全。要将安全教育列入教学内容，增强学生安全意识，提高自我防范和自我保护能力。

盘县"1·30"特大恶性交通事故探析

2001 年 1 月 30 日 17 时 10 分，贵州省盘县松河乡朝阳村二组村民夏正跃，驾驶贵 30559 号兴黔牌大货车，载 74 人从鸡场坪乡本歹村驶往松河乡的朝阳村。

当车行至刘（官）洒（基）线 32 千米 + 16.6 米下坡时，左前轮胎突然爆裂，致使方向失控，向左翻下 13.2 米深的石山沟中，造成死亡 34 人、轻重伤 39 人、车辆严重损坏的特大交通事故。

就是这一刹那间,34 人命丧黄泉,用生命和鲜血在中国道路交通安全史上,写下了悲惨的一页。

盘县公安交警凄厉的警报声震荡着高山狭谷。公安部交管局,省、市、县、乡党政及有关工作部门的领导先后赶到现场,组织指挥投入了这场震惊全国的交通事故的大抢救行动。对伤者的救治,对死者的善后处理,对现场的勘查取证,都在精心组织之中。事故原因已经查清。

造成这起特大恶性事故的原因:一是贵 30559 号车左前轮胎磨损过甚,已到报废程度,致使车辆在行驶中轮胎不能承受一定的压力而发生轮胎爆裂,造成方向失控;二是夏正跃无驾驶证,不具备驾驶车辆的资格和技术,不懂车辆安全行驶要求,使用不符合安全技术要求的轮胎;三是货运车辆货厢载人,严重加大事故损害后果。因此,夏正跃违反了《中华人民共和国道路交通管理条例》第 19 条:"机动车必须保持车况良好,车容整洁……",第 25 条:"机动车驾驶员,必须经过车辆管理机关考试合格,领取驾驶证,方准驾驶车辆。"第 33 条第 4 款"货运汽车车厢内载人超过 6 人时,车辆和驾驶员必须经车辆管理机关核准,方准行驶"之规定,应负此次事故的全部责任。

夏正跃,一个仅有小学文化程度的中年农民,竟然在瞬间断送了 34 条人命,使多少个家庭惨遭不幸,多少个孩子将成为孤儿。更加悲惨的是,这一灾难集中地降临在两个村寨,有的甚至一家死亡多人。

痛定思痛,满怀沉痛之心,细读这中国道路交通安全史册事故篇中新千年悲惨的一页,咀嚼思索,从它记述的字里行间,探析那

点点滴滴······

惨剧从包车去"烧纸"时就已蕴酿

夏正跃造成的这起特大事故,其实是在接受 120 元包车费、答应为本村村民丁献春拉人去"烧纸"时就开始蕴酿了。无驾驶车辆资格的他,使用报废、轮胎无安全保障的车辆,行驶在路窄、弯急的县级和乡村道路上。车辆运载的人特别多,从而使车辆重心偏高。于是,车祸就这样发生了。

夏正跃原先也请过有驾驶证的人为其开车,但由于经济效益差,付不起工资,他便辞去了驾驶员,而以偷师学艺得来的拙劣技术,干起了开车的营生。

与这起特大交通事故有直接关系的还有另一个人,那就是包车者丁献春。他邀请数十人乘车去为岳父"烧纸",而竟不管乘车的安全问题,就连住在一个村中的夏正跃有无驾照都不知道。但他知道汽车货厢是不能载人的,可偏要花钱去租货车拉人。据他本人在事故发生后说:"货车方便拉'纸火'和人。"

为了拉"纸火",为了价格低廉的方便,为了另一拨人搭车的方便,丁献春就这样把 34 条人命送上了由夏正跃全权操作的死亡之路。

时下,在农村,尤其是在边远的山区,都不同程度地保持浓厚的民风民俗。婚丧嫁娶,节日玩耍,都有成群前往的习惯。尤其是在对逝世者祭奠的"烧纸"、"上祭"中,已形成了不成文的规矩,邀约的人员少则几十,多则上百,越多越体面。而当今,村村通了公路,轰隆隆开着大汽车(或农用车、拖拉机),唢呐鞭炮共鸣,直接开到目的地很排场。而他们所乘坐的车,大都是本乡、村的到了期限的报废车,没有安全保障。为了廉价与方便,他们不顾车况如何,驾驶员有无证照,一律照租,照坐。而山区乡村道路,大多都是崎岖的山路、土路,其危险状况不言而喻。君不见喜事办成丧事、丧事办成双重丧事的情景时有发生。在山区农村道路交通中,很大一部分人的交通安全意识淡薄,主观或客观地不珍惜自己或他人的生命,图方便搭乘不安全的车辆。但农村出行乘坐工具严重匮乏的状况亟需改变。

乡村道路交通安全管理的盲区与误区

夏正跃驾车、丁献春包车拉人的行为,如果早在事发之前被制止,那么,这场特大交通事故惨案也不会发生。所以乡村道路交通安全管理应当引起政府部门的重视。

该县交警大队共有民警44人,有3名分别为癌症和严重心脏病患者,有4名为无警衔、无警服以工代干人员。辖区4056平方千米,人口112万,有37个乡镇,道路里程共3661.36千米,其中国道320线86.6千米,省道221.1千米,县道280.56千米,乡道566千米,通车简易公路2506.56千米。在籍机动车10927辆,在籍机动车驾驶员17666人,是省内屈指可数的道路交通大县。而警力与道路需要的管理悬殊之大可见一斑。因此,交警大队的工作只能力保国道、省道、兼及县道的安全畅通,对乡村道路只能对赶场点、赶场时间前往管理和疏导。在对专业营运客车重点监控下,对农用车、拖拉机有赖于农机管理部门的协助。就以管辖"1·30"特大事故发生地的交警六中队来看,该中队仅有交通民警3人,其中1人还未受衔。但要管的道路共259千米,其中国道39千米,县、乡道220千米。警区还有乡镇12个,同时还承担着全县打击车匪路霸的主要任务,在320国道上设有3个打击车匪路霸的报警点,有协勤人员10名。在这样的情况下,对于众多乡村道路就很难管理到位。乡村道路,尤其是边远地区的乡村道路,有部分基本上是交通安全管理的盲区。在前些年他们举办的一次中小学生交通安全知识作文竞赛中,就有一个边远山区的小学生发出过《山村也该住交警》的呼吁。但这位看准问题的小学生又怎能知道,哪有那么多的交警进驻呢?

诚然,交警的天职是保障道路的交通安全畅通。然而,在道路交通发展迅猛,管理力量不足,管理手段落后的情况下,只有按轻重缓急的办法来开展工作了。那么,那位小学生的呼吁,可否变为乡干部们出来说几句管理的话,做一点管理的事呢?试问,如果丁献春包车时村里的干部劝说他,如果夏正跃行车时村、乡干部阻止他,那么,惨剧就不会发生。但是,人们包括乡村干部,大都认为这些都是交警管的事情,与其他人员无关,而成为交通安全管理的误区。其实,我们早就在喊着"交通安全人人有责"的口号。

对农村的交通法规宣教不均

作为交通安全管理的支柱之一,交通安全宣传教育是提高人们交通安全意识,从主观上保证交通安全的极其重要环节。但作为现时情况,我们的领导,我们的干部,在经济建设中以发展道路交通为突破口无疑是抓准了要害。因此,从道路这个硬件上说,是有了突飞猛进的发展。村村都通了公路,使广大群众都从中得到实际的利益。但从人们的交通安全意识这个软件来讲,我们的有关领导人员考虑得并不多。而道路发展、交通事故、经济效益的相互关系处在不正常运转之中,也就是说存在一手硬、一手软的现象,妨碍着农村的经济发展。而重特大事故的发生,还直接危及到社会的稳定。

亡羊补牢,全面动员杜绝类似事故再度发生

"1·30"特大交通事故的警钟,震撼着人们的心。吸取血的教训,采取坚决措施,杜绝类似悲剧的重演,已经在当地各级领导、有关部门、当地群众中形成共识。该县县委、县政府、公安交警已有紧急措施:一是全县乡镇紧急动员起来,狠抓乡镇交通安全,把交通安全纳入重要议事日程和全年工作目标考核;二是在交警警力匮缺的情况下,农村乡镇日常交通管理由公安派出所负责承担;三是加强交通安全宣传教育,通过各种形式,如建交通安全村、镇、学校等,让农村广大群众都知道有关交通法规和安全常识;四是交警加强对乡村道路的巡逻,积极配合乡镇开展交通安全专项治理活动;五是加强对各类机动车违章载人的处罚力度,对那些情节严重的违章行为,坚决依法处治,决不姑息迁就;六是改善农村客运条件,开通营运客车,保证人们出行的方便需要。同时坚持把好对客运车辆的车门、站门、县门、省门关,平安即福。为了所有交通参与者的平安,为了千家万户的幸福,愿"1·30"特大恶性交通事故在中国交通安全史上是最后的一页。

"2002·5·28"特大交通事故

事故简要经过

2002年5月28日,达州运输(集团)有限公司汽车45队驾驶员刘子文驾驶一辆车牌为川 S08952 的峨眉牌大客车,从平昌县麻石开往万源市途中,在魏罗路 3 千米 + 300 米处翻于 40 米高岩下,造成 16 人死亡,4 人重伤的特大交通事故。

事故原因及性质

1. 直接原因

根据 2002 年 5 月 30 日达州市交警支队组成的有关人员对川 S08952 车辆技术检验鉴定和万公交 2002 年第 028 号《道路交通事故责任认定书》,该车制动总泵下阀门回位弹簧在使用中严重偏斜变形,下阀门运动轨迹偏移,使下阀门内圆圆周面下阀门体、阀门座橡胶密封圈偏磨,产生非正常阻力,导致进排气阀门不能正常到位,丧失密封性能,气压从总泵下;壳体排气孔大量泄漏,造成行车制动失效;加之驾驶员刘子文临危措施不当,最终导致该车翻于车行进方向左侧 40 米高岩下。

2. 间接原因

(1)万源市交警大队、达州市交警支队内部工作衔接脱节,一些人员工作不负责任。万源交警大队对刘子文 1999 年 4 月 4 日肇事案久拖不决,导致刘子文肇事后继续补证、增驾驾车。2000 年 9 月 11 日达州市交警支队下达《道路交通事故处罚裁决书第 200089 号》后,支队证照科及万源交警大队未对当事人采取任何措施,也来追缴 A 证和移送司法机关追究刑事责任。

(2)万源出租车服务公司安全意识淡薄,法律意识不强,对刘子文出据假证明,导致刘子文不但补到 B 证,而且增驾 A 证。

(3)达州运输(集团)有限公司对长驻通川区外的驾驶员安全教育不够重视,监督管理不力,在 2002 年 5 月万源连续下雨的情况下,未对驾驶员进行安全教育。

3.事故性质

此次事故是由于客车制动总泵突发故障,制动气体从总泵下壳排气孔大量泄漏,导致该车制动失效,加之驾驶员临危措施不当而造成的特大道路交通责任事故。

事故责任分析

(1)万源市出租汽车服务公司:安全意识、法制意识不强,未认真履行职责,为驾驶人员补办驾驶证出具假证明。

(2)万源市交警大队:工作责任心不强,执法不严、交管股和车管股工作没有衔接。

(3)达州市交警支队:工作责任心不强,执纪执法不严,未能完全吊销肇事驾驶员的驾驶执照。

(4)达州运输(集团)有限公司:对本公司制度、有关法律法规的贯彻监督不力,特别是对长驻通川区外的驾驶员安全教育监督检查不力,管理上还存在死角。

"1·13"重大交通事故

2003年1月13日11时40分,沙漠运输公司驾驶员李某驾驶新M11599号金龙大客车,在接送倒班轮休人员途中,与和田地区墨玉县艾某驾驶的新R04698号西域牌大客车相撞,造成5人死亡、6人受伤。

事故经过

沙漠运输公司成立于1993年4月,位于新疆库尔勒市,具有国家一级道路货运、一类汽车修理、一级环境保护设施运营、危险品运输、涉外运输等资质。主要为塔里木油田勘探开发提供沙漠运输保障,下辖19个基层生产后勤单位,拥有各类车辆316台。

2003年1月13日,沙漠运输公司服务车队驾驶员李某(驾龄15年),经车队长谢某调派,由库尔勒基地前往轮南油田执行接送倒班轮休员工任务。李某出发前,车队长谢某没有对李某进行安全行车"三交待"。10时5分,李某驾驶新M11599号金龙大客车从库尔勒基地出发,当时天气雾大,能见度不足30米。

11时40分,当李某行驶至轮南油田伴行公路61千米加100米处时,路面出现结冰现象,该路段无中央分隔线。此时李某前方出现了一辆解放牌货车,由于李某的车速较解放牌货车快(车辆时速73千米),正欲超车时,突然对面驶来和田地区墨玉县(个体挂靠县联运公司)艾某驾驶的新R04698号西域牌大客车(车辆时速91千米/小时),艾某见状采取了紧急制动。由于路面较滑、车速较快,艾某驾驶的西域牌大客车失去方向产生了横滑,随后与李某驾驶的金龙大客车相撞,造成5人当场死亡(艾某及两车4名乘客死亡)、6人轻伤,两辆大客车严重损坏,直接经济损失28万元,间接经济损失1.2万元。

事故原因

1.直接原因

李某在雾大、视线不清、路况不良的情况下超速行驶、盲目超车;艾某在道路条件不良的情况下超速行驶,在冰雪路面上采取了紧急制动,造成车辆横滑占道,属采取措施不当。

2.间接原因

库尔勒至塔里木轮南油田伴行公路路况较差,部分路面有结冰现象,并出现浓雾天气,能见度不足30米。

3.管理原因

(1)员工的安全意识淡薄。李某作为客车驾驶员本应严格遵守交通法规,做到礼貌行车,可是在视线不清,前方路况不明的情况下、盲目超车,尽管在紧急情况下,采取了制动措施,但因路况较差未产生有效作用。

(2)李某所在的服务车队客车只有几辆,行车任务较少,车队没有像管理其他生产运营车那样下功夫,形成了事实上的安全管理"灯下黑"。

(3)车队安全教育方法简单,缺乏科学性和针对性。国道217线库尔勒西线多次发生重特大道路交通安全事故,假如车队在平时的安全教育上,能够有针对性的对驾驶员进行典型事故案例教育,保证广大驾驶员从他人事故中汲取教训,在头脑里牢牢打下遵章守纪不违章行车的烙印,此事故完全可以避免。

(4)安全管理部门路检路查存在薄弱环节。事故证明,沙漠运输公司在定期进行的路检路查中存在疏漏问题,往往把安全检查的重点和目光盯在生产运行车上,而忽视了大小客车驾驶员的违章问题。

(5)对驾驶员的驾驶技能、行为秉性了解掌握的不够充分。服务车队没有严格贯彻落实安全生产定期分析制度,虽然有时也进行了简单的总结分析,但就事论事的多,举一反三少,采取具体措

施少,为交通违章或事故发生埋下了隐患。

(6)纠正驾驶员违章行为停留在表面上。驾驶员违章行为多种多样,它不但有共性和个性的东西,还因人而异,有些甚至与驾驶经历、年龄有密切关系。服务车队在纠正和查处驾驶员违章问题上没有做到有的放矢、对症下药,特别是针对大小客车驾驶员这一特殊群体的违章规律,超前预防措施不具体。

事故教训及防范措施

(1)安全管理存在薄弱环节,没有严格贯彻落实安全生产定期分析制度。要构建强有力的安全管理体系,保证各项安全管理规定的全面落实。首先,选拔得力干部从事安全管理。真正把工作责任心强、敢于管理、善于管理的干部选拔到安全管理和车辆管理岗位上。其次进一步加强对安全管理人员和车管干部的教育培训。采取多种形式对从事安全和车管干部进行专业知识和技能培训,不断提高其安全管理水平。第三,实行安全管理"一把手"工程,将安全管理的责任层层分解、层层落实到人头。建立公司、二级单位、车队三级定期路检路查和干部跟车上路检查制度。落实对重点驾驶员的监控,坚决纠正行车中的不良行为,全面增强驾驶员正规操作意识和安全行车水平。

(2)员工没有从思想上、行动上高度认识到安全行车的重要性,全员反"三违"氛围没有真正形成。要以"强三基、反三违、除隐患"为突破口,构建自上而下层层发现违章、消除违章的网络体系,营造人人反违章的高压态势,把违章行为消灭于萌芽状态。做好宏观、微观安全管理工作,基层车队把工作重点和中心向纠正一人一事的违章行为上转移,真正解决好纠正违章与生产经营的问题。

在固定路线和相对固定行车路线上建立"风险识别"管理机制,对驾驶员进行行车路线风险识别教育,保证驾驶员对当天运行路线、路况心中有数,以便采取相应防范措施。

(3)车队安全教育方法简单,缺乏科学性和针对性,员工的安全意识淡薄。要强化安全教育,增强全体职工的安全生产意识。继续组织安排干部职工认真学习《安全生产法》,运输车队学习《道路交通管理条例》,强化交通法规常识性规定的学习,强化职业道德、安全技能和紧急避险能力的教育,利用安全活动日对驾驶员进行事故案例教育,进行应急预案的培训。对各单位的安全教育质量和效果进行跟踪检查监督,不定期讲评,确保安全教育在时间上落实、人员上落实、内容上落实,做到警钟长鸣,不断提高驾驶员的安全行车意识和防范各类风险的能力。

(4)安全管理部门路检路查存在薄弱环节,纠正和查处驾驶员违章问题上没有做到有的放矢、对症下药。要进一步加强路检路查、夜检夜查,加大力度纠正和查处违章行为。认真执行车管干部和安全管理人员跟车上路和路检路查制度,加大力度处罚违章行为,把超速行驶、强超抢道等违章行为列为重点纠查和处罚对象,严管重罚,坚决纠正行车中的不良行为,提高驾驶员正规操作的自觉性,努力消除事故隐患。同时,认真执行责任追究制度,严肃查处事故责任人员。对事故处理将坚持"四不放过"的原则,严肃查处事故责任者,特别是严肃查处领导和管理人员在安全管理上的失职、渎职行为,确保事故当事人和负有安全管理责任的干部受到教育,从而达到全员提高安全生产意识,远离违章、远离事故的目的。

交通事故典型赔偿案例

案情描述

2008年6月3日,冯×驾驶自己所有的小客车沿上海市徐家汇路由东向西行驶过瑞金二路,适遇林×(系聋哑人)骑自行车违反非机动车右转弯指示标志,沿瑞金二路由北向南行驶至此,路口相遇时,冯×制动不及,车头撞击林×,造成两车物损及林×受伤的交通事故,事发后,冯×自行移动现场,且未做好标记。

当日林×至瑞金医院急诊,诊断为:左额硬膜外血肿,左额眼眶骨折,皮肤擦伤,并一直在该院留院观察治疗至同月17日。其间,14日林×通过他人代诉右肩部活动受限,医生予林×右肩关节正位+穿胸摄片,诊断为:右肱骨大结节可疑骨折;请结合临床查体,必要时CT检查。同年7月3日林×的CT诊断报告显示:右侧肱骨大结节骨折后改变,请结合临床随访。2008年11月7日林×的MRI报告示:右侧肩袖损伤,右侧肱骨大结节撕脱骨折机会大,建议随访。

2008年6月28日上海市公安局卢湾分局交通警察支队出具交通事故认定书:

1. 甲方(冯×)述:其驾驶小客车沿徐家汇路由东向西绿灯行驶过瑞金二路口时,车头撞击乙方的。

2. 乙方(林×)述:其(聋哑人)驾驶自行车沿瑞金二路由北向南行驶过肇嘉浜路口,被由东向西抢信号灯通过路口的甲方撞倒的。

3. 甲方提供唯一目击证人（甲车内乘客）王×述：甲车是沿徐家汇路由东向西绿灯通过路口的，但没有看清当时是怎样发生交通事故的。

4. 经技术鉴定，甲车所检项目符合 GB7258 - 2004《机动车运行安全技术条件》的有关规定。

5. 事故现场无其他目击证人。

6. 经查询监控录像信息，未发现事发时的情况。

7. 根据现有证据，不足以证实甲方行驶方向的信号灯显示情况。综上所述：该事故事实无法查证。

2008 年 11 月 24 日复旦大学上海医学院法医学鉴定中心对林×的伤残等级及伤后的休息、营养、护理期限作出评定：林×因道路交通事故所致右上肢功能障碍已构成十级伤残。伤后予以休息 6 个月、营养 2 个月、护理 2 个月。林某支付鉴定费 1600 元。

经过调查，冯×向保险公司购买机动车交通事故责任强制保险，保险期限为 2008 年 2 月 3 日至 2009 年 2 月 2 日止。

双方争议

冯×诉至法院，要求保险公司在交强险保险责任范围内赔偿林×医疗费、交通费、营养费、护理费、误工费、残疾赔偿金、物损费、精神损害抚慰金。鉴于林×在本起事故中违反了非机动车右转弯指示标志，由冯×按照下列金额的 80% 赔偿林×律师费、鉴定费，冯×为林×垫付的医疗费同意在本案中按照林×承担 20% 的责任一并处理，冯×花用的评估费、车辆技术状况检测费、鉴定费、停车费、牵引费共计 2460 元亦按照 20% 的责任由林×承担，如果

冯×垫付及支付的费用大于其赔偿的数额,林×同意返还。

冯×认为,林×骑自行车过马路时违反了非机动车右转弯指示标志,故根据相关规定,同意在交强险保险责任122000元范围内由保险公司全额赔偿,超出部分冯×承担50%的赔偿责任,律师费不同意赔偿,鉴定费同意赔偿50%。此外,林×留院观察时间约为两周,冯×垫付林×6月9日前的医疗费,对其中超出交强险保险责任范围的部分由林×自行承担50%,因此次交通事故冯×花用的评估费、车辆技术状况检测费、鉴定费、停车费、牵引费亦由林×承担50%。

保险公司认为,对林×、冯×各自支付的医疗费数额均无异议,但林×支付的医疗费中应扣除治疗肱骨骨折花用的费用,营养费、交通费数额无异议,同意赔偿,护理费按照900元/月计算2个月认可1800元,林×没有提供收入减少的证据,误工费按照2007年社会福利业平均工资35700元/年的标准计算6个月认可17850元,物损费认可300元,对残疾赔偿金数额及计算标准无异议,但林×的右肱骨骨折与本次交通事故无关,故不同意赔偿,林×在事故中存有过错,精神损害抚慰金亦不同意赔偿,保险公司同意在交强险保险责任122000元范围内,对上述认可的赔偿费用直接支付给林某。

法院判决

法院认为,根据《中华人民共和国道路交通安全法》的有关规定,机动车与非机动车驾驶人、行人之间发生交通事故的,非机动车驾驶人、行人没有过错的,由机动车一方承担赔偿责任;有证据证明非机动车驾驶人、行人有过错的,根据过错程度适当减轻机动车一方的赔偿责任;机动车一方没有过错的,承担不超过百分之十的赔偿责任。

现交警部门虽对林×与冯×间发生的道路交通事故作出事实无法查证的认定,但根据在案证据及认定书上对交通事故基本情况的描述,事发时林×骑自行车违反非机动车右转弯指示标志,故林×对损害后果的发生存有一定过错,可以适当减轻冯×的赔偿责任。综合本案的实际情况,由冯×承担70%的赔偿责任。现冯×已投保了机动车交通事故责任强制保险,由保险公司在强制保险责任限额内根据林×实际的损失承担全额给付责任,对保险公司支付后不足的款项冯×按70%予以赔偿林×。至于冯×垫付的医疗费及支付的评估费、车辆技术状况检测费、鉴定费、停车费、牵引费,对该费用林×表示愿意就其承担的费用在冯×的赔偿总额中抵扣,如果不足,愿意返还,与法无不符,法院予以准许。

保险公司对林×主张的营养费、交通费及冯×对林×主张的鉴定费数额均无异议,法院予以确认。

关于医疗费,冯×及保险公司对治疗右肱骨大结节骨折的费用提出异议,认为与本次事故无关,但未就此提出有关的证据,况且林×因头外伤至医院急诊并在医院这个特定的场所接受留院观察治疗,其间又感觉右肩部活动受限,经摄片检查诊断为右肱骨大结节骨折,并不存在违反常理之处,即便是在医院发生导致林×骨折的事件,医生理应在病历上予以记载,故冯×及保险公司对此的辩解,法院难以采信,林×主张的医疗费,属合理范围内,应由保险公司赔偿,超出强制保险责任限额的部分,由冯×按照70%赔偿。

林×的右肱骨大结节骨折经鉴定构成十级伤残,残疾赔偿金

应按照一审法庭辩论终结时的上一年城镇居民人均可支配收入，结合林×的年龄、伤残等级由保险公司予赔偿，对林×的诉请，法院予以支持。

关于误工费，法院认为林×提供的证据仅证明其受伤前的收入状况，无法反映其收入减少造成的实际误工损失，现保险公司同意按照 2007 年社会福利业平均工资 35700 元/年的标准计算林×误工费，与法无不符，法院予以准许。

关于护理费，依照法医鉴定的期限结合林×的伤情，林×计算标准在上海市护理市场价格范围内，法院予以支持。

林×聘请律师的费用，应当参照有关规定，由冯×赔偿林×。

鉴定费系林×为自己进行伤残等级评定所花用，应由冯×按照 70% 赔偿林×。

因冯×的侵权行为，使林×身体遭受损害，应当给予精神损害赔偿以抚慰林×，结合林×的过错程度及本案实际情况，法院酌情予以考虑。

综上，依照《中华人民共和国民法通则》第一百零六条第二款、第一百一十九条、第一百三十一条，《中华人民共和国道路交通安全法》第七十六条第一款（二），最高人民法院《关于审理人身损害赔偿案件适用法律若干问题的解释》第十七条第一、二款、第十八条、第十九条、第二十条、第二十一条、第二十二条、第二十四条、第二十五条之规定，判决如下：

（1）林×因交通事故造成的损失：医疗费人民币 12307.75 元、营养费人民币 1800 元，上述费用由×财产保险股份有限公司上海分公司于本判决生效之日起十日内赔付人民币 10000 元，冯×于本判决生效之日起十日内赔付人民币 2875 元；

（2）×财产保险股份有限公司上海分公司于本判决生效之日起十日内赔付林×交通费人民币 200 元、护理费人民币 2400 元、误工费人民币 17,850 元、残疾赔偿金人民币 53350 元、精神损害抚慰金人民币 3500 元、物损费人民币 300 元；

（3）冯×于本判决生效后十日内赔付林×鉴定费人民币 1120元、律师费人民币 2100 元；

（4）林×于本判决生效后十日内支付冯×评估费、车辆技术状况检测费、鉴定费、停车费、牵引费共计人民币 738 元；

（5）林×于本判决生效后十日内返还冯×垫付的医疗费人民币 6390.95 元。

如果未按本判决指定的期间履行给付金钱义务，应当依照《中华人民共和国民事诉讼法》第二百二十九条之规定，加倍支付迟延履行期间的债务利息。

案件受理费人民币 2697 元，由林×负担人民币 733 元，冯×负担人民币 1964 元。

如不服本判决，可在判决书送达之日起十五日内，向法院递交上诉状，并按对方当事人的人数提出副本，上诉于上海市第一中级人民法院。

律师点评

本案是很典型的一个交通事故案例，一般交通事故涉及的当事人肇事方、受害方和保险公司在本案例中都出现了，肇事方作为被告、受害方作为原告、保险公司作为第三人参与诉讼。在此案例中，值得我们注意的有以下几点：

（1）发生交通事故后,双方的责任比例如何划分?

一般来讲,责任比例是根据交通警察支队出具的《交通事故责任认定书》来确定的,但是也有不能确定的时候,比如本案例就是。在这种情况下,本案肇事方主张同等责任,即五五开,受害方主张主次责任,即二八开,最后法院采纳的是主次责任,但是按三七开比例认定。法院的认定方案兼顾了双方的意见,这种认定值得我们借鉴了解法院办案的思路。

（2）交强险在额度内怎么赔偿?

由本案例可以看出,交强险在122000的额度内是不考虑责任划分的,但是商业险的赔付是要按责任比例划分的。而且法院认为精神抚慰金也可以由保险来理赔,尽管很多保险公司声称精神抚慰金交强险是不赔的。

（3）律师费、鉴定费能否要求对方承担?

由本案例可以看出,交通事故案件的受害方的律师费、鉴定费完全可以要求肇事方承担,法院是支持这项诉请的,当然数额会考虑责任比例来划分。

（4）如何主张误工费的赔偿?

误工费在人身损害赔偿案件中的赔偿数额中也占了相当大的比重,过去只要提供工资证明,请假单等证据即可主张,但从本案例可以发现,现在主张误工费的要求发生了变化。法院更加严格的要求按《关于审理人身损害赔偿案件适用法律若干问题的解释》第二十条的规定误工费按照实际减少的收入计算。如果不能证明自己实际减少了收入,那么法院就按照上一年度社会行业平均工资,甚至最低工资的标准计算。

湖南省"9·9"重大水上交通事故

2011年9月9日15时10分,邵阳县塘田市镇"湘邵0018"客渡船(核载14人,实载45人,其中学生37人、成人6人、船主2人)经夫夷河(资江的支流)驶向荣村地段时发生沉船事故。事故目前已造成11人死亡(中学生8名、小学生1名、成人2名),34人获救(其中18人受伤,均无生命危险)。

事故发生后,省市县各级领导高度重视,作出重要指示:组织各种力量全力搜救落水失踪人员,全力救治受伤人员;一对一认真做好遇难人员家属的善后稳定工作;迅速控制肇事者和有关责任人员;迅速开展调查,查明原因,举一反三,开展全面交通安全检查,防止安全事故发生。省委副书记当即率省政府办公厅秘书长、省交通运输厅厅长和副厅长、省地方海事局局长以及省交通运输厅、省海事系统相关部门负责人等赶赴现场指导当地开展施救、善后及调查工作。

这次事故的发生给国家和人民的生命财产造成了极大的损害,社会影响很大。交通运输部、省委、省政府为此特发出重要指示,以吸取经验教训,确保交通运输安全。

一个小螺母和六十一条生命

——西南航空公司"2·24"特大飞行事故反思

1999 年 2 月 24 日,中国西南航空公司 TYl54M/B – 2622 号飞机在执行成都至温州 SZ4509 航班任务时,在温州地区撞地失事,飞机粉碎性解体,机上 61 人全部遇难,其中旅客 50 名、空勤人员 11 名(其中飞行员 4 人、安全员 2 人、乘务员 5 人)。

事故发生后,事故调查组在现场进行了细致勘察和多方查证,对搜集的有关部件残骸进行了初步分析。现场调查结束后,调查组的飞行、适航、记录器等专业小组对现场获取的残骸又进行了实验分析,并进行了地面试验、模拟机验证等取证和分析研究工作。作为航空器的设计制造国、独联体航空委员会派代表和技术顾问参加了现场调查,并在记录器译码、地面试验等方面提供了帮助。

一、事故经过

2 月 24 日 14 时 35 分,该机从成都双流机场起飞,航线飞行高度 11400 米。16 时,飞行高度 9600 米过德兴;16 时 5 分,飞行高度 7800 米过上饶;16 时 16 分过云和。16 时 19 分,机组报告高度为 5700 米,请求下降,温州塔台指挥飞机下降到 2100 米。16 时 27 分,塔台询问飞机测距仪的距离,机组回答 21 海里,塔台指挥飞机下降到场压高度 1200 米飞过东山导航台。16 时 29 分 21 秒,机组报告场压高度 1200 米过东山导航台,塔台指挥该机下降到 700 米并建立盲降报告,机组复诵正确。从 16 时 31 分开始,塔台连续呼叫 B－2622 飞机,均无回答。舱音记录截止时间是 16 时 30 分 27 秒。

据现场目击者反映,飞机在最后坠落阶段飞过一排楼房后直冲向地面,接着一声巨响后,冒出很高的烟,并伴有火光。飞机失事位置在浙江瑞安市阁巷镇柏树村东北方向约 500 米的农田里,位于温州机场跑道西南端 226°方位 27 千米处。

二、现场情况

飞机撞地形成一个直径约 15 米、深 3 米至 4 米的坑,坑内有大量的机身碎片及大块的飞机尾部碎块,部分垂尾及方向舵位于坑的中心部位。

坑内和附近地区有飞机坠地后着火燃烧的痕迹。左右机翼平直插入坑两侧地里,在坑的两侧形成两条沟槽。两机翼翼尖后缘露出地面。

沟槽内及前后两侧有大量的机翼碎片。挖掘过程中测量,机翼与地面夹角为 73°。根据两机翼触地方位,可推算机头撞地朝向约为 100°,飞机与航迹夹角约为 14°。

散落物分布在坑周围东西约 450 米、南北 300 米的范围内。整个驾驶舱和机身均成碎片,大部分机体碎片及旅客和机组人员的衣物散落在撞地方向的前方和两侧。在飞机撞地现场并沿飞机坠落轨迹查看,除撞地时形成的坑及坑周围的残骸外,未发现飞机其

他触地或撞障碍物的痕迹,也未发现飞机有其他散落物落下的痕迹。

三、实验和验证

调查组对现场获得的 135 摇臂与拉杆及 O 拉杆的连接进行了实验分析,用 TY154M 飞机在地面做 135 摇臂与 3 拉杆脱开后升降舵操纵试验,以及在模拟机上做了模拟脱开的飞行验证。经实验分析、地面试验、模拟机验证表明,135 摇臂与 O 杆连接螺栓上安装的螺母是自锁螺母,且螺母尺寸(直径 8 毫米,螺距 1.25 毫米)与螺栓尺寸(直径 7 毫米,螺距 1.00 毫米)不匹配。

坠机前 3 拉杆与摇臂连接处已出现螺母、螺栓脱落,导致拉杆与摇臂脱开,驾驶杆与升降舵的线性运动关系已不存在,不能避免飞机坠毁。

相关人员又通过对驾驶舱舱音记录情况和飞行数据记录器译码数据分析,验证了上述结论。

分析表明,起落架放下后,升降舵对驾驶杆操纵的反应仍处在不正常状态。在坠毁前的大幅度拉杆和推杆过程中,虽然升降舵作出了反应,但这种反应不是按正常线性规律进行变化,致使飞机出现了极不正常的状态,在最后的 10 多秒钟时间里,升降舵对驾驶杆操纵反应失灵的现象再次发生,最终导致飞机失去控制。

四、事故原因

根据飞行数据记录器及驾驶舱舱音记录器提供的信息分析,螺栓脱落前飞行正常,螺栓脱落后,无论在自动驾驶或人工操纵飞行状态,驾驶杆对升降舵的操纵都已失灵,随即飞行员就感觉到飞机的俯仰操纵不正常,由于此时飞机重心变化不大,机组在采取了向前移动旅客和放出阻流板的方法后,可以勉强使飞机维持下降状态。

随着起落架放出,飞机产生下俯力矩,飞行员拉杆试图保持飞行状态,但是,由于升降舵的操纵已不正常,飞机继续下俯。操纵出现反常情况,飞行员加大拉杆量,这时,正如地面试验所表明,由于3拉杆与135摇臂的触碰,升降舵突然上偏,飞机猛烈上仰。为了克服这种猛烈上仰的趋势,飞行员快速推杆,由于俯仰操纵已经失去了线性变化规律,升降舵急速向下偏转至最大,飞机大幅度下俯,冲向地面。最后,飞行员虽尽力拉杆,但舵面没有相应的变化,飞机未能改变俯冲状态。

通过调查取证、对残骸的实验分析、地面试验和模拟机验证以及飞行数据记录器和驾驶舱舱音记录器提供的信息,可以证实以下几点:

(1)B-2622号飞机在向温州机场下降过程中,由于失去对俯仰通道的操纵而坠地失事;

(2)飞机俯仰通道失去操纵的原因,是由于飞机升降舵操纵系统的3拉杆与135摇臂的连接在飞行中脱开;

(3)根据实验和分析,3拉杆与135摇臂脱开的最大可能是由

于在拉杆与摇臂的连接螺拴上安装了自锁螺母,而不是规范中规定安装的用开口销保险的花螺母,并且螺母比螺栓的尺寸大,不能保证限动功能。

调查组尽管做了大量调查工作,仍然不能确定是在俄罗斯大修时还是在以后西南航空公司维修中,给该拉杆和摇臂的连接处安装了自锁螺母。因此,整个事故最后的结论是:在TYl54M/B－2622飞机的升降舵操纵系统中,最大可能是错误地安装了不符合规定的自锁螺母,而在维修中又未能发现,飞机飞行中螺母旋出,连接螺栓脱落,造成飞机俯仰通道的操纵失灵而失事。

五、事故教训

西南航空公司在安全管理工作中,"安全第一"的指导思想不牢固。在经历了较长时间平稳的安全形势后,公司领导滋长了麻痹思想,存在盲目乐观情绪,看成绩多看问题少,对存在的隐患和问题的严重性认识不足,不能正确对待有关部门的批评意见;在处理安全与生产、安全与效益的关系问题上,有时顾此失彼,公司发生的一些事故症候,没有及时向有关部门报告。

在安全管理上,西南航空公司主要领导没有认真落实民航总局提出的思想、精力、工作"三到位"的要求。公司主要领导对安全问题就事论事多,忙于日常事务,深入基层少。有些基层干部不敢严格管理,对不良风气纠正不力,致使上级要求和公司的规章制度无法真正落实。

西南航空公司思想政治工作薄弱,未能发挥对安全工作的保障作用。在公司效益滑坡、劳动分配制度调整、企业改制情况下，公司党委对职工的思想状况研究不够，办法不多，措施不力。

六、措施建议

正确认识俄制和国产航空器与英美产航空器在设计上的差距，针对各项特点制定相应的维护规则。

正确认识俄制航空器与英美制航空器在维护维修思路上的差异，注重维修、维护工作的有效性。

深化维修工程管理工作，使维修工作真正落到实处。认真吸取西南航空公司"2·24"事故教训。检查、完善各种工艺单、卡，使工艺单、卡的工作内容易于理解，方便执行。

加强维修生产管理，合理安排维修、定检计划，合理安排人员、器材、维修工时，做好各项维修工作的保障和支援工作；对凡涉及到规定的必检项目，必须落实专人检查；对出现的违章现象必须严肃处理。

加强人员培训工作，使维修、维护工作能真正落到实处。"2·24"事故教训中的重要一条是缺乏对人员的培训，今后要加强对维修人员的培训工作，特别要注重维修基础知识的培训，要有针对性地对负责不同机型人员采取不同的培训内容。

事故发生后，西南航空公司总经理、党委书记、副总经理、维修厂厂长、副厂长、总工程师、车间负责人以及事故相关责任人分别受到相应的党政处分。

第九章　交通安全必知的细节

少年儿童怎样注意交通安全

青少年尤其是少年儿童,他们易遭车祸,这同他们的生理、心理特征有关。少年儿童正处在身体发育时期,身手敏捷,爱动好跑。但由于生理条件的限制,又决定了他们的活动能力与认识水平存在着与行的矛盾,在心理上往往表现为反应快,顾虑少,不稳定,只从个人兴趣出发,不会顾及未来效果,好冒险蛮干。

根据少年儿童生理心理上的这些弱点,要特别注意交通安全。

1. 增强红绿灯意识。红绿灯是设在街道路口的交通信号装置。它象无声的指挥官,不断发出各种指令,把不同方向的车辆、行人从时间和空间上隔开,指挥它们有秩序地通过路口,以保障交通安全与畅通。小朋友们千万不要以为信号灯只是对机动车起作用,非机动车和行人可以任意行走。要知道,交通信号对所有交通参与者的限制都是一样的。"红灯停,绿灯行"按信号灯的指示通行,起步时向左右两边看是否有来车,然后从人行横道横过马路。

这样通过路口就很安全。我们应该从小培养这种"红绿灯意识"，自觉地接受交通信号的指挥。

2. 学龄前儿童过马路要让大人牵引。一些小朋友过马路时，不愿让大人牵手而行，喜欢单独行动，东奔西跑。路上车来车往，稍不注意就容易发生事故。因为学龄前儿童往往视野狭窄，不能全面观察道路情况。由于经验不足，对车速与距离缺乏正确估计。还有他们思想简单，容易胡冲乱撞。为了防止学龄前儿童在人行道上乱跑干扰交通秩序或突然闯入车行道，不要让儿童单独上街。他们如在街道或公路上行走，必须有成年人带领。

3. 不要在车辆临近时突然横过马路。现实生活中常见这种镜头：大人、小孩各走道路一边，当遇到险情时，小孩突然向大人一边奔跑，尽管飞驰而来的车辆紧急刹车，但车辆还是将小孩撞倒了。这种情况，主要是横穿者距离车辆太近，即使驾驶员采取紧急停车措施，恶果仍不可避免。人在奔跑中，突然要立即停下来，人就会不由自主向前冲出几步，这就是力的惯性作用。再说，人的大脑从接受外界信号到是否决定停步到最后停下来有一个过程。汽车也是这样，当行驶中司机发现危险情况时，立即将右脚从油门踏板迅速移动到刹车踏板紧急制动时，也有一个过程；再加上行驶的汽车有惯性，不能一刹即停。最安全之策，只能是：不要在汽车临近时突然横穿马路。

4. 不要扒车。一些小孩出于好奇，常常利用车辆起步、上坡、减速时扒车，或作游戏或以扒车代步。由于机动车的速度比人行走的速度要快得多，扒车的人随着车速的不断提高和时间的延长，手臂的力量逐渐减弱，心情也愈加紧张，上下为难。如脱手落地，就会跌倒或摔伤。还有扒上车的人自然要跳车,这就更加危险。因驾驶员不知道车上有人,车速很快,而跳车人很难克服自身的惯性,往下一跳势必跌倒,甚至造成生命危险。

行人过马路怎样注意安全

现代社会,生活节奏快,交通繁忙,最容易发生不幸事故。各种车祸的情况显示,行人仍然是导致交通意外的最大受害者。在因车祸而丧生的罹难者中,行人约占 70－80％。

据分析数字显示,交通意外的一个主要原因,在于行人不依交通标志横过马路。

行人最经常触犯的交通条例有六项:

1. 疏忽地使用道路而危及本身或他人的安全。

2. 在斑马线管制范围外横过马路而不使用斑马线。

3. 在设有交通灯的 15 米范围内横过马路,而不使用灯前之过路线或不依灯号指示。

4. 在设有行人天桥或行人隧道的 15 米内横过马路,而不使用该行人天桥或隧道。

5. 攀越或穿过路边或路中心安全岛的铁栏走过马路。

6. 在马路上停留超过横过马路所需的时间。

这么多人触犯交通条例,其原因不外乎四点:(1)赶时间;(2)缺乏耐性;(3)贪方便;(4)认为不依交通规则,并不是什么大过错。

行人是"皮包肉",车辆是"铁包人"一旦发生意外,受损失重的不用说也是行人。

被"马路虎口"吞没的行人中,孩童和老人又占有相当的数量。资料显示,精神不集中,这是孩童遇车祸的主因。特别是戴音乐听筒过马路,分分钟都会自招车祸。资料还显示,几乎所有因车祸丧生的儿童,都是男孩子。老人在交通意外中占上一个高比率,原因主要是反应迟钝,行为缓慢,听觉衰退。

欲速不达,车祸堪惊!行人过马路要有安全步骤。即使在行人过路线上,每当要横过马路和或脚踏出马路时,就要遵守交通守则,始可保安全无虞,尤以带领着儿童过马路的家长为然。乱过马路除会被警察训戒外,还做"敢死队",殊不值得!

过马路的基本步骤如下:

(1)首先选择行人路上可以安全过马路之处站定。

(2)环顾四周及留意是否听到有车辆的声音。

(3)有车辆驶近,先让它驶过,留意有无其他车辆随后而至。

(4)如附近已无车辆,便直线通过马路。

(5)过马路途中,仍要小心留意车辆,自然更不宜贪快强行过马路。

过铁道路口时怎样注意安全

火车车速快、车身长不容易制动,故在铁道路口容易发生与其他车辆及行人相撞的交通事故。因此,车辆行人过铁道路口时更应遵守交通规定,注意交通安全。

1. 车辆通过铁道路口时,时速不能超过20千米,拖拉机不能超过15千米,并要服从铁路管理人员的指挥。

2. 车辆、行人过铁道路口遇有道口栏杆(栏门)关闭、音响发出报警、红灯亮或看守人员示意停止行进时,须靠道路右侧和人行道依次停在停止线以外或距最外股铁轨5米以外。行人不能倚扒铁道口的栏杆。

3. 通过无人看守的道口时,要一停二看三通过。如路口两边有物体挡住视线,看不清有元火车驶近时,司机应下车察看,不能贸然通过,更不能与火车抢行。

4. 通过有人看守的铁道路口,遇有两个红灯交替闪烁或红灯亮时,不准通过;白灯亮时可以通过;红灯和白灯同时熄灭时,表示道口信号无效,按无人看守道口的要求通过。另外,还要注意一方列车已通过,又从另一方驶来列车,或道口栏杆、报警器等发生故障等情况。

5. 车辆在铁路道口停车等待通过时要拉紧手闸制动,以防车辆溜滑。火车通过后立即起步。穿越铁路应一气通过,不得在火车通过区内变速、制动、停车。紧握方向盘,防止车越轨道时方向盘转动击伤手臂。车辆一旦在铁路上熄火,应立即设法移离铁路。在火车即将来临的紧急情况下,可用起动机直接将车驶离铁路。如实在无法将车驶离,要上前迎着列车晃动红色衣物,告知列车司机采取紧急措施。

6. 载运百吨以上大型设备构件的车辆,应事先与铁路部门联系,按指定的铁道路口及时间通过,以免发生事故。

骑自行车怎样注意安全

我国素有自行车王国之称。自行车是我国城乡家家户户使用的主要交通工具。因此,骑自行车所造成的交通事故在我国城乡家庭中,占有相当大的比重。那么,怎么样才能确保骑自行车的安全呢?

1. 自行车的质量要比较好,尤其是车闸、铃、锁、尾灯等应灵敏有效。自行车上不要安装发动机。

2. 自行车要注意维护保养及定期检修,及时发现问题,及时修理。新自行车要经 2～4 周的“走合期”。“走合期”内不要快速骑用。“走合期”后要全面检修。轮胎充气要适当。载重要合适。自行车存放地点要选好,不宜日晒雨淋。经常保持自行车整洁。定期给自行车转动部位加润滑油。前、中、后三轴应每年拆下擦洗一次。定期将前后轮胎卸下换过来使用,每个轮胎也要定期将左侧调到右侧使用,这样可以延长轮胎的使用寿命。

3. 自行车车座的高度要适宜。车座过高,骑车人的上肢前俯,手掌受力大,时间久了会导致手神经麻痹。车座过低,双腿屈伸受限,影响速度。一般以骑在座子上双足踏在车蹬子上,略能屈膝为宜。车座前倾角度不宜过大。男车前倾不大于 30 度,女车不大于 20 度。车座不可过窄及过硬。否则,骑车人的会阴部易受车座反作用力,久之可出现尿频、夜尿症等。女同志还容易造成生殖器官疾病。车座上应加海棉套,使其富有弹性。车把不要太低,与车座

相平较为合适。

4. 注意骑车姿势,握把要轻,两肘略为弯曲,上身微微前倾,臀部要坐得舒适。骑自行车时间较长要经常变换身体的姿势,如立直与俯身交换。半小时左右应抬高臀部离开座面一会儿,并做提肛运动,以减轻对会阴部的压迫,改善血液循环。握把的双手也要经常改变着力点。遇有路面不平的道路或上下陡坡时应推车步行。

5. 患有癫痫病、精神病、高血压、冠心病、闭塞性脉管炎、疝及红绿色盲、聋、哑等病人不宜骑自行车。

6. 女同志不要骑男自行车;未满10周岁的儿童不准在马路上骑"二八"自行车。

7. 骑自行车不准带人,载物高度从地面起不准超过1.5米,宽度左右不准超过车把15厘米,长度前后共不准超过车身30厘米。

8. 骑自行车只能在慢行车道上行驶,无慢行线的道路,应靠马路右侧行驶。骑自行车不能逆行,不能抢行猛拐。转弯时应先打手式。

9. 骑自行车应礼让机动车,遇有停止信号时,左转弯不能从路口外绕行,直行不准右转弯方法绕行。

10. 骑自行车不准双手离把、攀扶其它车辆或撑伞、持物。不准拖带车辆或被其它车辆拖带。不准追逐竞驶或曲折竞驶。不准与他人扶肩并行或并行攀谈。遇有拖拉机及女同志骑自行车或儿童骑自行车时更要注意礼让及安全。

11. 雨雪路滑,骑自行车一要慢;二要将车胎气放掉一些,车胎不能太饱;三要转大弯;四要尽量不用闸、不停车,以免刹车摔倒出事故。

怎样防止自行车轮伤了孩子的脚

　　我国被誉为自行车王国。自行车是人们生活中的重要交通工具。但由于自行车车轮造成的儿童足部损伤也频频发生,年轻的家长们不可不注意预防这种儿童的意外伤害。

　　自行车轮引起的足损伤大部分是由于家长骑车时带孩子,孩子坐在自行车后架上发生的。由于儿童缺乏安全常识或好奇心强,不能预见自己行为的后果,而将脚不慎或有意插入到飞速旋转的车轮内,发生捻挫、挤压伤。伤势轻者可使足部表皮擦伤,皮下淤血、水种。重者可造成足跟部皮肤坏死,皮肤和皮下脂肪及更深的部分被翻起,踝关节韧带也可以发生损伤。

　　一旦发生损伤后,家长千万不要惊慌失措,不能强行从车轮中拽出伤足,以免加重局部损伤。切勿随意找人揉揉捏捏。如果只是轻度损伤象皮肤擦伤可以涂擦红汞,如皮下淤血而皮肤没有破损,可做局部冷敷,或用中药九分散、跌打丸等外敷,要将患足抬高,限制活动,这样做可以减轻伤足肿胀和疼痛。对重伤者应及时去医院诊治。

　　年轻的父母们,为了保证孩子的安全,避免意外的伤害,最好不要带孩子骑车,更不要将孩子放在车后架上。

冰雪路上骑自行车怎样注意安全

1. 要认真遵守交通规则，不越线、不快骑、不带人，不和机动车辆抢行。

2. 不低头猛拐。当准备向左转弯时，要伸左手示意。

3. 由于寒冷，自行车部件变脆，容易产生疲劳断裂。在骑行中要避免负荷过重、加速过猛和剧烈颠簸。

4. 轮胎不要打得过饱，保持八分气。这样能增加摩擦力，防止打滑。

5. 捏闸时应先捏后闸，以后闸为主，用力要柔和。如果只捏前闸，或者两闸同时捏死，就会使自行车失去平衡而滑倒。

6. 保持与前后左右自行车间距，尽量慢行，防止一人倾斜滑倒时，影响多人同时跌倒。

7. 顶风、上坡时不要低头猛蹬；顺风、下坡时要控制车速。路面光滑时，拐弯不要过急过大地扭把。复杂路段，最好下车推行。

骑小三轮车怎样注意安全

近几年，不少人家购置了家用型小三轮车。在交通拥挤的城市，一家三口人同乘一辆车，逛公园、去商场或串亲访友，是很方便的。

然而,从交通安全方面来看,这种车却存在一些弱点,如车速慢、转弯不灵活等,骑车时如果再思想麻痹,违章行驶,那么,一旦遇到紧急情况,慢而不灵的车和措手不及的骑车人,就很容易造成交通事故。轻则人伤车损,重则几命皆休。

因此,骑这种三轮车时一定要特别注意交通安全。应从以下几个方面来注意:

1. 精神要高度集中,不要考虑问题或与乘车者闲聊。

2. 通过路口时,要选择刚出现绿灯的时候,这样时间比较充裕。来不及通过时不要强行通过,尤其不要闯红灯。

3。拐弯时要瞻前顾后,不能猛拐或拐死弯。三轮车猛然变换方向极易翻车。

4. 载人时,除驾驶者外,最多乘坐成年人一人和学龄前儿童一人,载物时,高度自地而起,不要超过 1.5 米,宽度不要超出车厢(斗),长度前后不要超出车身 30 厘米,重量不要超过 100 千克。

5. 铃、闸都要灵敏有效,车后要安装反光标志。

6. 只能在非机动车道内行驶,并且不要安装各种动力或加速装置。

最后提到一点,有些人家七拼八凑做成简易三轮车,或是将自行车改装成挎斗车,这样的车在结构质量上没有保障,稳定性差,很容易发生意外。所以,不要自制三轮车。

骑摩托车怎样注意安全

俗话说要想死得快,就买"一脚踹"。这"一脚踹"指的就是摩托车。虽然此话有些夸张,但摩托车速度快、稳定性差、目标小,容易出交通事故却是事实。因此,骑摩托车一定要注意遵守交通规则,安全行驶。

1.摩托车必须经管理机关检验合格,领取合格证,还要按时进行年检。平时也要加强车辆的检验,及时发现问题及时修理,如制动杆的自由行程和功能、车轮、轮胎、轮键、车把、避震、指示灯、反光镜等是否安全有效。

2.摩托车必须领取号牌,并安在摩托车的指定部位上,保持清晰,不准转借、涂改、冒领、伪造。

3.驾驶摩托车必须领有行车证,选择适合自己身体条件的车型。如:在平地能轻易支起车的中心支架,跨上车后两脚能着地,能自如地推着车走"8"字。

4.骑摩托车时应佩戴安全头盔和护目镜。阳光下以茶色镜,夜间以无色护目镜为宜,可防止强光刺眼及小飞虫迷眼。应戴线手套或单皮手套,防止手出汗。不能穿拖鞋,防止滑脱。上衣以颜色醒目、目标明显为宜,袖口不能过于肥大,防止兜风。天气寒冷时,衣服应轻便、紧身、保暖好。还要加防寒性强的手套及鞋,并加护膝。

5.骑摩托车时脚掌心踩在车的脚蹬上,脚掌大致为水平位置,两膝夹住车的油箱。手掌向下,似向前推车把的姿势握车把。全身及两肩自然放松,不得左右歪斜,目光平视前方,在城市应看到200米以外,在公路上应尽量远看。要能瞻远顾近,随时注意前方道路情况。变换车道或起步时,先要利用后视镜查看后方情况,确认安全方可进行。行驶中,不要贸然停车或减速;转弯前先减速,不能边转弯边减速;不准从行驶的两排车辆中间穿越或曲线绕行;不准从右侧超车。在有一长串车等信号灯时,不要试图超越等着的车辆。在摩托车道的中央行驶较为安全,不要在车道的边上行驶。与前后车保持适当距离,与前方车距太近易发生追尾事故;后方来车较近应减速或变换车道,让尾随者超越。夜间行驶应按规定使用灯光,穿有反光性衣服,佩戴反光性头盔。在危险路面行驶更要谨慎小心。在隆起或崎岖路面行驶应增加与其它车辆的距离;在湿滑路面行驶应减速,用挂档控制车速,不要过猛回油门,避免突然制动。最好行驶在其它车辆留下的轮胎痕迹上。在十字路口或急转弯处要远离道路边缘的地方。横过街道铁轨应慢行以减少碰撞,稍微弓身在脚踏板上站起,利用双膝和双肘承受振动。横越与车行驶方向平行的铁轨时,应驶离原地远至可以作直角转弯的地方,才能转弯横越。跨越障碍物应紧握车把,当车前轮碰撞障碍物时才不致失去控制。行驶中遇有轮胎爆炸,油门阻塞,左右摆动等紧急情况要保持镇静,集中全力控制车把,减速滑行,不要刹车,慢慢停车检修。

　　6.摩托车载物高度不得超过1.5米,宽度左右不能超过车把15厘米,长度不能超过车身20厘米。轻便及二轮摩托车驾驶座前不准载人。二轮摩托车只准载一人,但不准载12岁以下儿童。

7.骑摩托车的车速不能太快,在城市速度为 50 千米/小时,公路上为 60 千米/小时,轻便摩托车为 30 千米/小时,通过胡同口、铁道路口、急转弯、窄路、窄桥、隧道、转弯、下坡、遇有雾雨雪风能见度在 30 米以内、冰雪泥泞道路、喇叭及刮水器发生故障、进出非机动车道,最高时速不能超过 20 千米,遇有限速的道路,应按要求速度行驶。

8.二轮及轻便摩托车不准牵引车辆或被其他车辆牵引。

乘汽车怎样注意安全

城市里的工作人员上下班及短距离旅行乘坐汽车很方便。但乘汽车也应注意安全,否则容易发生交通事故或者因乘车而引起一些疾病。

1.乘坐公共汽(电)车,必须在站台或人行道上排队等车,来车后应先下后上,上车时也应按顺序,不能拥挤。

2.乘车时,手、头及身体的任何部分不准伸出车外。

3.乘坐货运机动车时,不准坐在货槽栏板上。货槽栏板高度不足 1 米时,不准站立车中,靠驾驶室处可扶其站立。

4.不准强行截车或扒车,车辆未停稳前,不准上车或下车。

5.乘坐公共汽(电)车时不宜吃东西,车内颠簸摇晃或紧急刹车,会使口中的糖豆、果核一类食品呛到气管里,形成气管异物,如不及时救治,会引起窒息,甚至死亡。另外,车扶手及椅子上难免被污染上病菌、病毒、寄生虫卵等,在车里边吃东西时,边摸这些地方边吃,容易传染上肠炎、痢疾、肝炎等传染病。

6.在车厢内人与人挨得很近,很容易吸入病人或带菌者喷出的带有病菌或病毒的飞沫而传染上呼吸道传染病。尤其是在冬春季节,流感、脑膜炎、猩红热等呼吸道传染病常借公共汽(电)车及火车等交通工具传播流行,故乘坐时最好戴口罩。

7.乘车时不要看书看报。因为车厢内晃动不稳,书报与眼睛的距离不定,注视的目标来回摆动,为了看清楚,眼睛就需要不停地进行调节,容易使眼睛疲劳而形成近视。

8.乘车时不要打盹、睡觉,以免摔伤、碰伤,或坐过站、或被小偷偷窃。

乘火车怎样注意安全

长途旅行或出差外地,乘坐火车比较方便,但长距离跋涉、食宿从简,影响休息,也要注意健康及安全,以保证旅途愉快。

1.要根据自己身体健康状况及年龄体力来决定旅程及选择车次。火车有特快、直快、慢车之分。1~98次为特快,101~298次为直快,401~448次为慢车。其中驶向或驶近北京的客车为上行,用偶数车次表示;驶离北京的客车为下行,用奇数表示车次。

2.不要带易燃品、易爆品、危险品乘车。凡具有燃烧、爆炸、腐蚀、毒害、放射性等物品,在运输过程中能引起人身伤亡和财产毁坏的物品,均为上述的物品。比如,鞭炮、煤油、汽油、酒精、炸药、雷管、万能胶等。另外,猛兽、毒蛇也严禁带上列车。

3. 遵守车站秩序，不可穿行铁道、不可钻车、跳车。列车进站时，旅客及送客的人都要退离到安全白线之外。列车没有停稳时，不要往前拥挤，更不能跳窗上下。列车开动时，送行者不要越过白色安全线，更不可随车向前跑动，与车上亲友握手、送东西等。

4. 不要扒乘货车。货车在许多车站不停车，扒乘者只好冒险跳车，容易造成伤亡。货车上的货物在撞挤时也容易伤人。

5. 行车当中没有事情不要在车厢中走动，不要把头、手、脚伸到车窗外，以免被车窗卡住，或被车外信号机、隧道及线路旁的树木刮伤。带小孩的旅客要看管好孩子，不要让其到车门处、车厢连接处玩耍，防止被夹伤；也不要把小孩放在茶桌上，防止从窗户掉到车外。

6. 在列车上不要饮酒。喝酒过量，头脑失去控制，上下车容易摔伤、碰伤。就餐时应把小勺放在汤碗里，可防止列车冲动时造成汤外溢。沏茶时不要倒水过满，防止烫伤。

7. 在列车上睡觉禁止吸烟，以免烧坏卧具引起火灾。睡中、上铺要挂好安全皮带，防止睡熟后摔下来。

8. 行李架上的物品要放牢固，避免掉下来伤人。同时，不要移动、变换位置，也不要不断从袋中取出东西，防止扒手发现包、袋的主人而被盗。

行李包、袋要放在自己座位前方视力所及的行李架上，两个以上的行李袋、包最好用链式锁锁在一起。下车前检查齐全带走，防止遗落车上。

9. 爱护列车上的设备，特别是列车的制动阀，千万不可乱动，以免紧急情况发生时失灵而发生重大事故。

10. 谨防伤害车下人,在列车上的一切废弃物,如啤酒空瓶、空罐头盒等物,不要顺车窗扔下来,以免影响卫生及伤害车下行人。

11. 乘坐火车除照章购票外,还要按时检票,卧铺票应按时从列车员处换取卧铺牌。列车开动2小时仍未换取卧铺牌,其卧铺按无人乘坐而取消其乘坐资格,或售与他人。没有检票者,万一列车发生事故不予保险赔偿。

火车失事怎样防护

火车失事前通常没有什么迹象,不过乘客会察觉紧急刹车。应该利用失事前短短几秒钟的时间换取比较安全的姿势。

1. 远离门窗,甚至可趴下来。抓住牢固的物体,以防给抛出车厢。

2. 紧靠在牢固的物体上。

3. 低下头,下巴紧贴胸前,以防头部受伤。

4. 如座位不近门窗应留在原位,保持不动;若接近门窗,就应尽快离开;火车碰撞时须抓住牢固的物体。

5. 火车出轨向前进时,不要尝试跳车,否则身体会以全部冲力撞向路轨。

此外还可能发生其他危险,例如碰到通电流路轨、飞脱的零件,或掉到火车蓄电池破裂而漏出的酸液上。

6. 火车停下来后,看看周围环境如何。假如在交通繁忙地带或隧道内,应留在原地,等待救援人员到来。况且,人在火车失事后很可能惊魂未定,在火车周围徘徊很易发生危险。

7.如路轨通电流,就不会走出火车,除非乘务员宣告说已经截断电源。

8.离开火车后,马上通知救援人员。如附近有一组信号灯,灯下通常有电话,可用来通知信号控制室。不然就找电话报警。

乘飞机怎样注意安全

飞机是现代化的交通工具,飞行高度在万米上下,飞行速度可达每小时500多千米,具有速度快、效率高、节约时间的优点,但乘飞机时也必须注意安全,掌握和了解一些必要的规定及有关知识。

1.购买飞机票必须按规定出具单位证明信及本人身份证。飞机票不能转让,严禁涂改。按规定时间到达机场、办理登记手续。

2.登机前,旅客及随身携带的一切行李物品,必须接受机场安全部门的安全检查。枪支、弹药、凶器、易燃、易爆、腐蚀、放射性物品及其它危害民航安全的危险品均严禁携带上机。同时,不要给不与自己乘坐同一航班的人捎带或托运行李。

3.乘飞机对号入座,除上厕所等某些必要的活动外,一般不要随意走动,不要串航,更不要接近驾驶舱。

4.国内班机,机舱内一律不允许吸烟。国际班机,要在指定地点吸烟。烟头必须掐灭后放在烟灰盒内。机上厕所内禁止吸烟。

5.飞机在起飞、降落和飞行颠簸时,应系好安全带。

6. 飞机上配有灭火、氧气、紧急出口及救生衣、救生船等安全设施。但这些设施只能在发生紧急情况时由机组人员组织旅客使用。未经允许,任何人不可随意动用。

7. 某些病人不宜乘坐飞机。比如:心肌梗塞病人未过6周者;心绞痛反复发作并恶化出现心房扑动,阵发性心动过速伴有紫绀,严重心律不齐、心界扩大、瓣膜狭窄和高血压脑病患者;代偿不全的高血压病人,血压达到高压26.66千帕,低压达到13.33~26.66千帕(200/100~200毫米汞柱)者;活动性肺结核病人,尤其是有肺空洞者、肺气肿、急性肺炎、胸膜炎、肺癌、肺脓肿;急性白血病人红细胞低于300万/立方毫米血、血色素低于8~9克%,并且在乘飞机前刚刚接受输血者;胃肠道穿透性创伤,胃溃疡穿孔及腹部大手术后不足6周者;急性鼻窦炎、中耳炎和耳咽管或鼻窦孔阻塞、近期做过中耳手术;视网膜炎、青光眼;传染病人的传染期内;8个月以后的孕妇及不到2周的新生儿均不宜乘坐飞机。

8. 为防止发生晕机病,上机前30分钟服用0.3~0.6毫克东莨菪碱,可保持5~6小时内不呕吐;在飞机上尽量少活动,头部可紧靠座椅上,最好取斜靠位,必要时可闭目仰卧;另外,不要吃得过饱或过于饥饿。

飞机起飞前1~1.5小时吃些面包、糕点、饼干、面色、酸奶、苹果、梨等。不要吃多纤维及容易产气的食物,过于油腻和大量动物蛋白的食物也不要多吃。

9. 飞机在起飞及降落时,由于气压的急剧变化,中耳耳鼓室内的压力不能很快地随之变化,可以引起耳内胀满不适,甚至疼痛难忍,应吃点糖果。口腔张合、咀嚼吞咽,可促使咽鼓管的开口开放,

让空气自由进出鼓室,调节其内的压力与气压平衡,消除不适感及疼痛。

10.一旦发生紧急情况,旅客要保持镇静,听从机组人员指挥。他们机上工作经验丰富,明晓各种操作规程和处置措施,经过努力,战胜险情。否则,越是惊慌失措,恐惧,越不会有好结果。